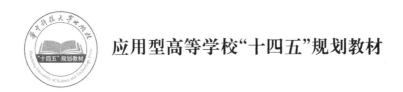

应用型高等学校"十四五"规划教材

单片机课程设计指导

（第 2 版）

彭　敏　邹　静　王瑞瑛　陈　瑶　薛　莲 **编著**

U0199421

华中科技大学出版社

中国·武汉

内 容 简 介

本书从培养大学生动手能力和实践能力的要求出发,以 Keil μVision 软件为集成开发环境、Proteus 为仿真软件、C51 为编程语言,在第 1 版的基础上,精心选择了 18 个实用性更强的单片机课程设计案例与工程应用案例。

在内容的安排上,本书按照单片机案例教学的格式编写,包括项目要求、方案论证、系统硬件电路设计、系统软件设计、系统仿真及调试。电路图、程序注释风格统一化,并且在每章最后加上小贴示,介绍项目的传统知识或者常识、新技术应用等。书中提供了完整的程序清单、电路原理图和仿真效果图,有利于读者理解、扩展和制作。

本书还制作了电子资源,包括在 Keil μVision 编译环境下调试运行的程序,以及每个项目的仿真演示视频,可以看到每个项目运行的效果,让读者更直观、清楚地理解电路的工作原理。

本书可作为本科、高职高专以及成人教育的电气自动化、机电、电子信息、通信工程、仪器仪表、物联网、汽车电子和计算机应用等相关专业的单片机课程设计指导教材,也可以作为毕业设计的参考教材。

图书在版编目(CIP)数据

单片机课程设计指导/彭敏等编著.—2 版.—武汉:华中科技大学出版社,2023.8(2025.1重印)
ISBN 978-7-5680-9936-3

Ⅰ.①单… Ⅱ.①彭… Ⅲ.①单片微型计算机-课程设计-高等学校-教学参考资料 Ⅳ.①TP368.1-41

中国国家版本馆 CIP 数据核字(2023)第 145422 号

单片机课程设计指导(第 2 版)   彭 敏 邹 静 王瑞瑛
Danpianji Kecheng Sheji Zhidao(Di-er Ban)   陈 瑶 薛 莲   编著

策划编辑:范 莹
责任编辑:范 莹
封面设计:原色设计
责任校对:陈元玉
责任监印:周治超
出版发行:华中科技大学出版社(中国·武汉)   电话:(027)81321913
        武汉市东湖新技术开发区华工科技园   邮编:430223
录   排:武汉市洪山区佳年华文印部
印   刷:广东虎彩云印刷有限公司
开   本:787mm×1092mm 1/16
印   张:19.25
字   数:467 千字
版   次:2025 年 1 月第 2 版第 2 次印刷
定   价:48.00 元

第 2 版前言

单片机在实际工程中应用广泛,本书以项目案例的形式,理论结合实际,着重培养学生综合运用理论知识解决实际问题的能力,锻炼学生的动手能力和实践能力,获得初步的应用经验,为走出校门从事单片机应用的相关工作打下基础。

本书以经典的 8 位的 MCS-51 单片机系列为核心,在总结多届学生单片机课程设计项目、毕业论文项目经验的基础上,结合实际工程应用,选择了以下 18 个项目:多模式可调控跑马灯的设计、比赛计分器的设计、数字电压表的设计、简易信号发生器的设计、交通信号灯控制系统的设计、简易电子琴的设计、抢答器的设计、频率计的设计、简易计算器的设计、电子万年历的设计、电子密码锁的设计、温度检测和控制系统的设计、超声波测距仪的设计、病房呼叫系统的设计、人体反应速度测试仪的设计、16×16 点阵 LED 电子显示屏的设计、直流电机控制系统的设计、电梯控制系统的设计。每章按照单片机案例教学的格式编写,并配有完整的程序清单、电路原理图、仿真效果图及相应的电子资源。

本书中的程序都是在 Keil μVision 软件编译环境下调试运行的,读者可以选用该编译环境作为学习本书的开发工具。为了适应实际工作的需要,本书所有案例都采用 C51 语言编写。

本书第 1、9、11、14、15、16 章由彭敏老师编写,第 5、6、10 章由邹静老师编写,第 8、12、17 章由王瑞瑛老师编写,第 4、7、13 章由陈瑶老师编写,第 2、3、18 章由薛莲老师编写,最后由彭敏老师进行了统稿、定稿及制作演示视频的工作。

本书在编写过程中,得到了武汉工商学院、武昌工学院老师的大力支持,在此一并表示感谢。另外,在本书编写过程中,参考了大量有关单片机原理与接口技术、单片机案例的书籍和资料,在此对这些书籍和资料的作者表示感谢。

由于编者水平有限,不足之处在所难免,恳请广大读者批评指正。

编　者

2023 年 6 月

第1版前言

本书以经典的 8 位单片机 MCS-51 为核心,在总结了多届学生的单片机课程设计项目经验、毕业论文项目经验的基础上,结合实际工程应用,选出了 18 个项目:交通信号灯控制系统的设计、电子万年历的设计、简易电子琴的设计、数字电压表的设计、电子密码锁的设计、多模式带音乐跑马灯的设计、简易信号发生器的设计、超声波测距仪的设计、抢答器的设计、脉搏测量器的设计、简易计算器的设计、电机转速测量仪的设计、频率计的设计、温度检测和控制系统的设计、直流电机控制系统的设计、16×16 点阵 LED 电子显示屏的设计、病房呼叫系统的设计、人体反应速度测试仪的设计。本书按照单片机案例教学的格式编写,内容包括项目要求、方案论证、系统硬件电路设计、系统软件设计、系统仿真及调试。书中还提供了程序清单、电路原理图和仿真效果图。

本书中的程序都是在 Keil μVision 编译环境下调试运行的,读者可以选用该编译环境来学习本教材。为了适应实际工作的需要,本书所有案例都采用 C 语言编写。

本书由武汉工商学院彭敏负责全书的结构设计、统稿、修改和定稿工作。本书第 1～3 章由武昌工学院邹静编写,第 4～6 章由武昌工学院张胜男编写,第 7～9 章由武汉工商学院陈瑶编写,第 10～12 章由武汉工商学院王巍编写,第 13～15 章由武汉工商学院王瑞瑛编写,第 16～18 章由武汉工商学院彭敏编写。

本书可作为高等院校的电气自动化、机电、电子信息、通信工程、仪器仪表、物联网、汽车电子和计算机应用等相关专业的"单片机课程设计"课程的指导教材,也可作为毕业设计的参考教材,还可供相关工程技术人员参考。

本书的编写得到了武汉工商学院、武昌工学院等学校领导的大力支持,本书的部分内容参考了书中所列的参考文献,在此谨向所有给予帮助的同志和所列参考文献的作者深表谢意。

由于编者的水平有限,书中难免存在疏漏之处,敬请各位专家以及广大读者批评指正。

编　者

2018 年 5 月

目　　录

第 1 章 多模式可调控跑马灯的设计

1.1 项目要求

设计一个多模式可调控跑马灯,要求实现以下基本功能。

（1）用 16 个发光二极管作跑马灯,其中跑马灯有 8 种亮灯模式,每一种亮灯模式通过一个共阳极数码管显示出来,比如,当跑马灯的显示效果为模式 1 时,数码管显示数字"1"。

（2）设置三个按键,分别为模式按键、加速按键及减速按键。模式按键可以切换跑马灯的模式,当跑马灯处于任一种模式时,通过加速按键或减速按键可以对亮灯速度进行控制。

1.2 方案论证

系统采用 AT89C51 单片机为主控芯片,配合数码管、按键、LED 显示阵列进行跑马灯设计。数码管显示跑马灯模式,按键对模式、亮灯速度进行选择。

16 个发光二极管接在 P0 口、P1 口,P0 口、P1 口为低电平的时候,发光二极管被点亮,为高电平的时候,发光二极管不亮。单片机对接口电路的控制是由软件控制单片机的 I/O 口来实现的,通过控制 P0 口、P1 口来控制二极管是点亮还是熄灭,以实现跑马灯的效果;通过改变跑马灯循环的时间来实现跑马灯速度的变化。多模式可调控跑马灯电路结构框图如图 1-1 所示。

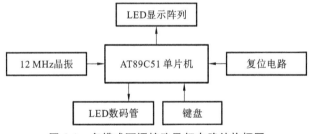

图 1-1 多模式可调控跑马灯电路结构框图

1.3 系统硬件电路设计

1.3.1 主控电路

本系统是由 AT89C51 单片机、时钟电路和复位电路构成的最小系统电路。图 1-2 所示为多模式可调控跑马灯电路原理图。

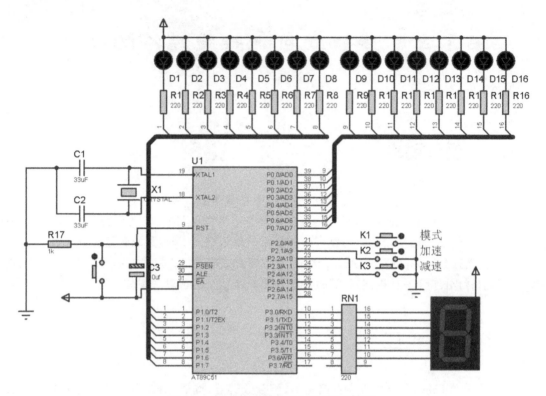

图 1-2 多模式可调控跑马灯电路原理图

1.3.2 跑马灯显示电路

系统的输入/输出电路包括跑马灯显示电路、按键电路和数码管显示电路。

跑马灯显示模块采用 16 个发光二极管并联在电源上,其中 8 个二极管接在 P1 口上,另外 8 个二极管接在 P0 口上,使用上拉电阻与之分别串联。当 I/O 为高电平的时候发光二极管熄灭,当 I/O 为低电平的时候发光二极管点亮。

跑马灯显示电路图如图 1-3 所示。

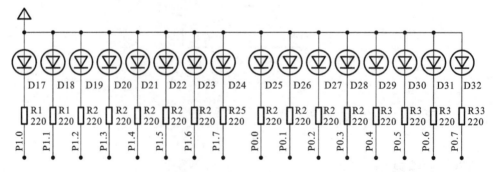

图 1-3 跑马灯显示电路图

1.3.3 按键电路

按键电路使用三个独立式按键,如图 1-4 所示。

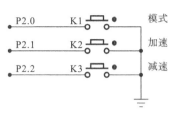

图 1-4 按键电路图

K1:模式按键,通过按键调整显示模式,共有 8 种显示模式。跑马灯显示模式由数码管显示,数码管接在 P3 口,受 P3 口控制。

K2:加速按键,提高跑马灯显示效果的速度。

K3:减速按键,放慢跑马灯显示效果的速度。

1.4 系统软件设计

1.4.1 设计流程图

系统在初始化后读取从键盘输入的值,通过消抖动确认键盘输入的值后,执行相应的跑马灯显示模式,通过按键开关对跑马灯进行控制,包括跑马灯模式的选择、跑马灯速度变化的控制。多模式可调控跑马灯系统主程序流程图如图 1-5 所示。

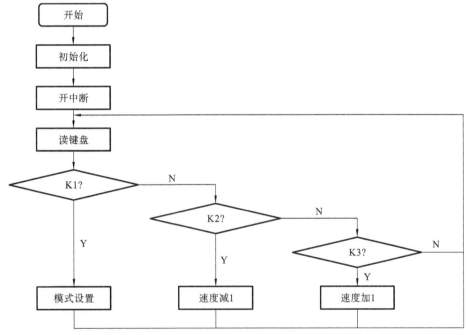

图 1-5 多模式可调控跑马灯系统主程序流程图

1.4.2 程序清单

程序清单运行示例,请扫描右侧二维码。

```
#include<reg51.h>
#define uchar unsigned char
#define uint unsigned int

uchar ModeNo;
uint Speed;
uchar tCount=0;
uchar Idx;
uchar mb_Count=0;
bit Dirtect=1;

uchar code DSY_CODE[]={0xC0,0xF9,0xA4,0xB0,0x99,0x92,0x82,0xF8,0x80,0x90};
//共阳极数码管显示码制 0～9
uint code sTable[]={0,1,3,5,7,9,15,30,50,100,200,230,280,300,350};   //速度模式

/* --------------延时函数-------------* /
void Delay(uint x)
{
    uchar i;
    while (x--) for(i=0;i<120;i++);
}

/* --------------按键扫描函数-------------* /
uchar GetKey()
{
    uchar K;
    if(P2==0xFF) return 0;
    Delay(10);
    switch(P2)
    {
        case 0xFE:K=1;break;
        case 0xFD:K=2;break;
        case 0xFB:K=3;break;
        default:K=0;
    }
    while (P2!=0xFF);
    return K;
}

/* --------------LED 显示函数-------------* /
void Led_Demo(uint Led16)
{
    P1= (uchar)(Led16 & 0x00FF);
```

```c
    P0=(uchar)(Led16>>8);
}


/* --------------定时/计数器中断函数--------------*/
void T0_TNT() interrupt 1
{
    if (++tCount<Speed) return;
    tCount=0;
    switch (ModeNo)                                     //模式选择,8种模式
    {
        case 0: Led_Demo(0x0001<<mb_Count);break;
        case 1: Led_Demo(0x8000>>mb_Count);break;
        case 2: if(Dirtect) Led_Demo(0x000F<<mb_Count);
                else        Led_Demo(0xF000>>mb_Count);
                if(mb_Count==15) Dirtect=!Dirtect;
                break;
        case 3: if(Dirtect) Led_Demo(~(0x000F<<mb_Count));
                else        Led_Demo(~(0xF000>>mb_Count));
                if(mb_Count==15) Dirtect=!Dirtect;
                break;
        case 4: if(Dirtect) Led_Demo(0x003F<<mb_Count);
                else        Led_Demo(0xFC00>>mb_Count);
                if(mb_Count==15) Dirtect=!Dirtect;
                break;
        case 5: if(Dirtect) Led_Demo(0x0001<<mb_Count);
                else        Led_Demo(0x8000>>mb_Count);
                if(mb_Count==15) Dirtect=!Dirtect;
                break;
        case 6: if(Dirtect) Led_Demo(~(0x0001<<mb_Count));
                else        Led_Demo(~(0x8000>>mb_Count));
                if(mb_Count==15) Dirtect=!Dirtect;
                break;
        case 7: if(Dirtect) Led_Demo(0xFFFE<<mb_Count);
                else        Led_Demo(0x7FFF>>mb_Count);
                if(mb_Count==15) Dirtect=!Dirtect;
                break;
    }
    mb_Count=(mb_Count+1)%16;
}


/* --------------按键处理函数--------------*/
void KeyProcess(uchar Key)
{
```

```
switch(Key)
{
case 1:
        Dirtect=1;mb_Count=0;                    //模式切换
        ModeNo= (ModeNo+ 1)%8;
        P3=DSY_CODE[ModeNo];
        break;
case 2:
        if (Idx>1) Speed=sTable[--Idx];break;    //加速
case 3:
        if (Idx<15) Speed=sTable[++Idx];         //减速
    }
}

/* --------------主函数--------------* /
void main()
{
    uchar Key;
    P0=P1=P2=P3=0xFF;
    ModeNo=0;Idx=4;
    Speed=sTable[Idx];
    P3=DSY_CODE[ModeNo];
    IE=0x82;
    TMOD=0x00;
    TR0=1;
    while(1)
    {
        Key=GetKey();
        if(Key!=0) KeyProcess(Key);
    }
}
```

1.5 系统仿真及调试

经过 Keil 软件编译后,在 Proteus 软件编辑环境中绘制仿真电路图,将编译好的 . hex 文件加载到 AT89C51 单片机中,启动仿真,就可以看到仿真效果。模式 0 仿真效果如图 1-6 所示,模式 2 仿真效果如图 1-7 所示,模式 3 仿真效果如图 1-8 所示。

数码管显示跑马灯的模式(共有 8 种模式)。

按下 K1 键,实现模式切换,从模式 0 到模式 7,共 8 种模式。

在其中任一种模式下,按下 K2 键,调节跑马灯的速度,使显示效果加速。

在其中任一种模式下,按下 K3 键,调节跑马灯的速度,使显示效果减速。

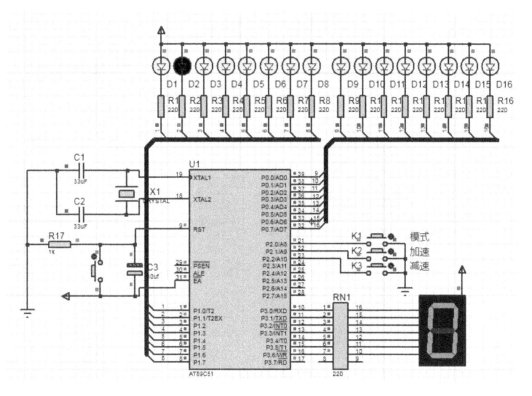

图 1-6 模式 0 仿真效果图

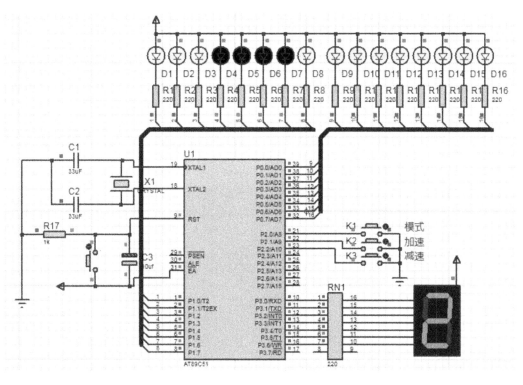

图 1-7 模式 2 仿真效果图

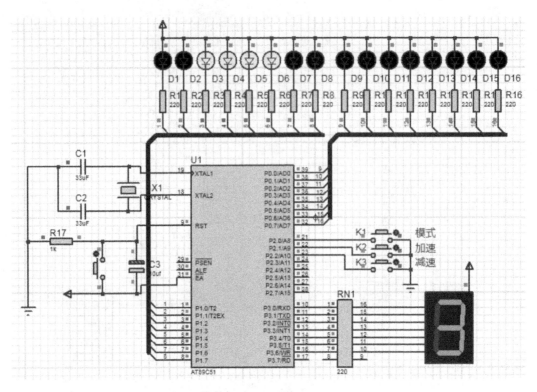

图 1-8　模式 3 仿真效果图

小贴示

多模式可调控跑马灯的控制系统有很多,而对于小型跑马灯则以单片机来控制较为合适。使用单片机控制的优势在于:系统简单、成本低、易于推广使用,且跑马灯的灯光效果绚丽多彩,给人以视觉享受。

跑马灯在人们的日常生活中很常见,并以其绚丽的色彩赢得人们的喜爱,在一些特定的节日或重大的场合中起到渲染气氛,并带给人们欢乐的作用。可调控跑马灯打破常规跑马灯闪烁固定的现状,可根据人们的不同意愿进行设计,编程出想要变换的色彩。当前,可调控跑马灯广泛应用于各种商业场所、娱乐场所,以及建筑物的装饰等多种场景。比如大到世界博览会、奥林匹克开幕式,小到节日彩灯装饰等。

第2章 比赛计分器的设计

2.1 项目要求

设计一款基于51单片机的比赛计分器,要求实现以下基本功能。

(1)1个四位一体的数码管显示比赛时间,时间格式如1200,2个三位一体的数码管显示甲、乙两队的比分,比分格式如008。

(2)比赛时间采用倒计时方式,以一秒的频率减时,上电时默认初始值为1500,在比赛开始前可以修改时间,比赛开始后不能修改。

(3)甲、乙两队比分采用三位数,上电初始值为000,最大值为999,比赛开始前和比赛结束后比分无法加/减。

(4)比赛开始前,可以通过add1键和dec1键对比赛时间的分钟进行调整,通过add2键和dec2键对比赛时间的秒钟进行调整。

(5)可随时启动/暂停比赛时间。

(6)比赛进行时,可以通过add1键和dec1键对甲队得分进行加/减调整,通过add2键和dec2键对乙队得分进行加/减调整。每按一次键加/减1分。

(7)当一节比赛完后,可以通过换场键(exchange)换场。换场后,比分交换显示,相应的比分加/减键也应随之交换。

(8)当比赛结束时,发出提示音。

2.2 方案论证

根据设计要求:能实现时间倒计时,设计一个时钟模块;能控制时间,设计一个按键模块;能显示时间,设计一个显示模块和控制器;有提示音,设计一个蜂鸣器模块,各个模块之间通过单片机协调工作。比赛计分器系统结构框图如图2-1所示。

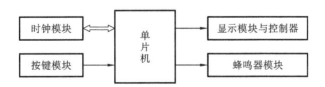

图2-1 比赛计分器系统结构框图

2.3 系统硬件电路设计

2.3.1 总体电路设计

根据系统的方案分析与论证,其总体电路设计如图 2-2 所示。

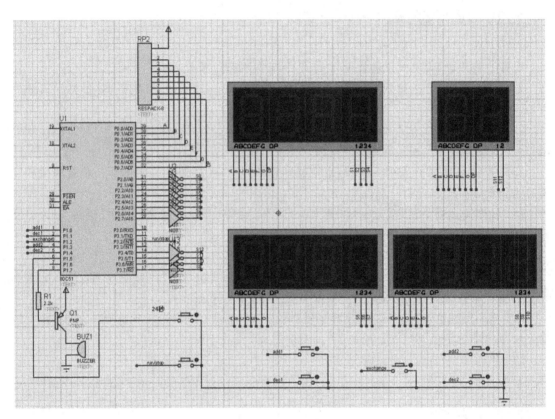

图 2-2 总体电路图

2.3.2 主控电路

本系统以 80C51 单片机为控制核心,完成计时计分器的功能。利用其内部的定时/计数器控制比赛时间、24 秒倒计时;P0 口接数码管的段选信号,P2 口和 P3 口的高 4 位接数码管的位选信号,通过动态显示完成时间、比分的显示;P1.5 口作为输入口,连接按键;P1.7 口作为输出口,接蜂鸣器。主控电路如图 2-3 所示,图中省去了时钟电路和复位电路。

2.3.3 按键电路

按键电路共需要 7 个按键开关,分别为:24 秒复位、运行/暂停、加一分钟(甲队加一分)、

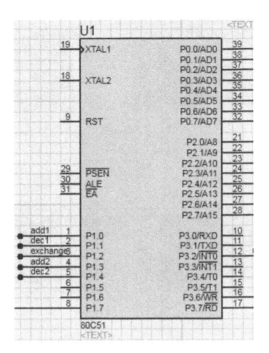

图 2-3 主控电路

减一分钟(甲队减一分)、交换比赛场地、加一秒钟(乙队加一分)、减一秒钟(乙队减一分),每个按键可随意摆放,方便操作。按键电路如图 2-4 所示。

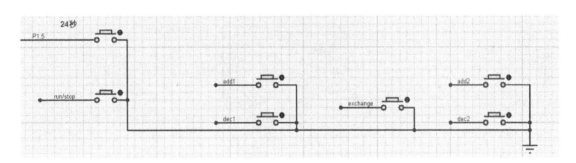

图 2-4 按键电路

2.3.4 显示电路

显示电路中的显示屏采用 12 个七段数码管(图 2-4 中有 2 个数码管未用),4 个数码管用于显示比赛时间,2 个数码管用于显示 24 秒,2 个三位一体的数码管用于显示甲队、乙队比分,每次加分后都要让它调回 24 秒。显示模块如图 2-5 所示。

2.3.5 提示音电路

提示音电路采用蜂鸣器,本设计通过 P1.7 口来控制蜂鸣器发出提示声。24 秒倒计时结

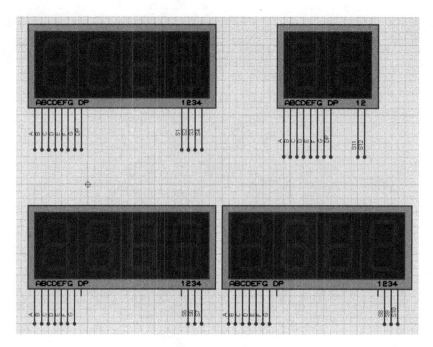

图 2-5　显示模块

束后,蜂鸣器长鸣叫;每小节比赛结束时蜂鸣器短鸣叫,按下 stop 键后停止鸣叫;若再次按下 run 键进入下一节比赛。提示音电路如图 2-6 所示。

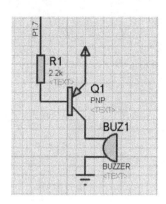

图 2-6　提示音电路

2.4　系统软件设计

2.4.1　主流程图

系统初始化后,两队比分均为 0,首先进行比赛时间的设定,然后按下运行键,进入总时间倒计时和 24 秒倒计时。在此过程中,可对两队的得分进行加、减操作,还可暂停比赛时间。24 秒倒计时长鸣叫,比赛结束短鸣叫。主流程图如图 2-7 所示。

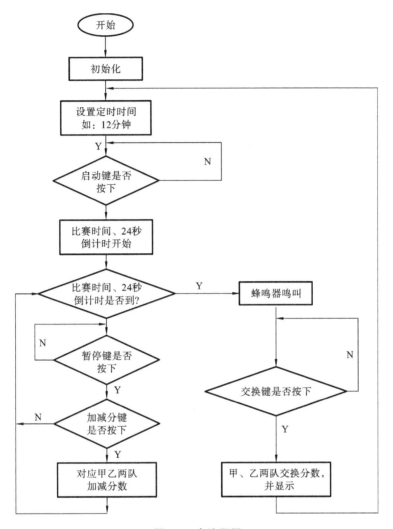

图 2-7 主流程图

2.4.2 计时显示程序设计

计时显示程序主要由 LED 数码管来完成。本设计通过使用单片机来控制 LED 数码管,P0 口控制数码管的段选信号,P2.7～P2.4 接数码管 S1～S4 的位选信号,用于总时长倒计时显示;P3.4,P3.5 接数码管 S11、S12 的位选信号,用于 24 秒倒计数显示。计时显示程序的流程图如图 2-8 所示。

2.4.3 计分显示程序设计

计分电路主要由按键和 LED 显示器组成,按键 add1、dec1、add2、dec2 控制甲、乙两队得分加/减。比赛开始时,甲、乙两队得分初始值为 0,当 add1 键按下时,甲队得分加 1,最多可以加到 999 分,当得分超过 999 时,LED 显示得分为 999;当 dec1 键按下时,甲队得分减 1。控制乙队得分加/减的 add2 键、dec2 键的功能与 add1 键、dec1 键的功能一样。计分显示程序的流程图如图 2-9 所示。

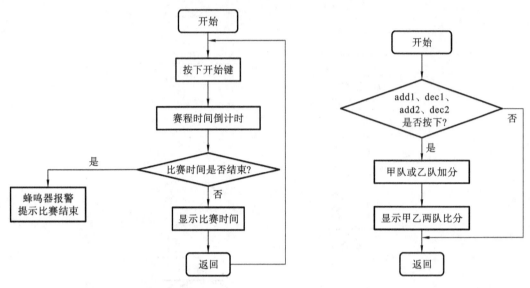

图 2-8　计时显示程序流程图　　　　图 2-9　计分显示程序流程图

2.4.4　程序清单

程序清单运行示例,请扫描右侧二维码。

```
#include<reg51.h>
#define LEDData P0
unsigned char code LEDCode[]={0x3f,0x06,0x5b,0x4f,0x66,0x6d,0x7d,0x07,0x7f,0x6f};
unsigned char minit,second,count,count1;    //分、秒、计数器
sbit add1=P1^0;              //甲队加分,每按一次加 1 分/在未开始比赛时为加时间分
sbit dec1=P1^1;              //甲队减分,每按一次减 1 分/在未开始比赛时为减时间分
sbit exchange=P1^2;          //交换场地
sbit add2=P1^3;              //乙队加分,每按一次加 1 分/在未开始比赛时为加时间秒
sbit dec2=P1^4;              //乙队减分,每按一次减 1 分/在未开始比赛时为减时间秒
sbit secondpoint=P0^7;       //秒闪动点
/* ----依次点亮数码管的位------* /
sbit led1=P2^7;
sbit led2=P2^6;
sbit led3=P2^5;
sbit led4=P2^4;
sbit led5=P2^3;
sbit led6=P2^2;
sbit led7=P2^1;
sbit led8=P2^0;
```

```
sbit led9= P3^7;
sbit led10= P3^6;
sbit led11= P3^5;
sbit alam= P1^7;                        //报警
sbit onoff= P3^2;
bit playon= 0;                          //比赛进行标志位,为 1 时表示比赛开始,计时开启
bit timeover= 0;                        //比赛结束标志位,为 1 时表示时间已经结束
bit AorB= 0;                            //甲、乙队交换位置标志位
bit halfsecond= 0;                      //半秒标志位
unsigned int scoreA;                    //甲队得分
unsigned int scoreB;                    //乙队得分
void Delay5ms(void)
{
    unsigned int i;
    for(i=100;i>0;i--);
}
void display(void)
{
/* ----------显示时间分------------* /
    LEDData=LEDCode[minit/10];
    led1=0;
    Delay5ms();
    led1=1;
    LEDData=LEDCode[minit%10];
    led2=0;
    Delay5ms();
    led2=1;
/* ------------秒点闪动-----------* /
    if(halfsecond==1)
        LEDData=0x80;
    else
        LEDData=0x00;
    led2=0;
    Delay5ms();
    led2=1;
    secondpoint=0;
/* ----------显示时间秒-----------* /
    LEDData=LEDCode[second/10];
    led3=0;
    Delay5ms();
    led3=1;
    LEDData=LEDCode[second%10];
    led4=0;
    Delay5ms();
    led4=1;
```

```
/* -----------显示 1 组分数的百位------* /
    if(AorB==0)
        LEDData=LEDCode[scoreA/100];
    else
        LEDData=LEDCode[scoreB/100];
    led5=0;
    Delay5ms();
    led5=1;
/* --------------显示 1 组分数的十位----------* /
    if(AorB==0)
        LEDData=LEDCode[(scoreA%100)/10];
    else
        LEDData=LEDCode[(scoreB%100)/10];
    led6=0;
    Delay5ms();
    led6=1;

/* --------------显示 1 组分数的个位----------* /
    if(AorB==0)
        LEDData=LEDCode[scoreA%10];
    else
        LEDData=LEDCode[scoreB%10];
    led7=0;
    Delay5ms();
    led7=1;
/* -----------显示 2 组分数的百位----------* /
    if(AorB==1)
        LEDData=LEDCode[scoreA/100];
    else
        LEDData=LEDCode[scoreB/100];
    led8=0;
    Delay5ms();
    led8=1;
/* -----------显示 2 组分数的十位----------* /
    if(AorB==1)
        LEDData=LEDCode[(scoreA%100)/10];
    else
        LEDData=LEDCode[(scoreB%100)/10];
    led9=0;
    Delay5ms();
    led9=1;
/* -----------显示 2 组分数的个位----------* /
    if(AorB==1)
        LEDData=LEDCode[scoreA%10];
    else
```

```
            LEDData=LEDCode[scoreB%10];
        led10=0;
        Delay5ms();
        led10=1;
}
/* ------------------按键检测程序----------------* /
void keyscan(void)
{
    if(onoff==0)
    {
        display();
        if(onoff==0)
        {
            alam=0;
            Delay5ms();Delay5ms();
            alam=1;
            TR1=0;
            timeover=0;
            playon=!playon;        //开始标志位
            TR0=playon;            //开启计时
            do
                display();
            while(onoff==0);
        }
    }
    if(playon==0)
    {
        if(add1==0)
        {
            display();
            if(add1==0);
            {
                alam=0;
                Delay5ms();Delay5ms();
                alam=1;
                if(minit<99)
                    minit++;
                else
                    minit=99;
            }
            do
                display();
            while(add1==0);
        }
```

```
    if(dec1==0)
    {
        display();
        if(dec1==0);
        {
            alam=0;
            Delay5ms();Delay5ms();
            alam=1;
            if(minit>0)
                minit--;
            else
                minit=0;
        }
        do
            display();
        while(dec1==0);
    }
    if(add2==0)
    {
        display();
        if(add2==0);
        {
            alam=0;
            Delay5ms();Delay5ms();
            alam=1;
            if(second<59)
                second++;
            else
                second=59;
        }
        do
            display();
        while(add2==0);
    }
    if(dec2==0)
    {
        display();
        if(dec2==0);
        {
            alam=0;
            Delay5ms();Delay5ms();
            alam=1;
            if(second>0)
                second--;
            else
```

```
                        second=0;
            }
            do
                display();
            while(dec2==0);
        }
    if(exchange==0)
    {
        display();
        if(exchange==0);
        {
            alam=0;
            Delay5ms();Delay5ms();
            alam=1;
            TR1=0;                    //关闭 T1 计数器
            alam=1;                   //关报警
            AorB=~AorB;               //开启交换
            minit=15;                 //并将时间预设为 15:00
            second=0;
        }
        do
            display();
        while(exchange==0);
    }
}
else
{
    if(add1==0)
    {
        display();
        if(add1==0);
        {
            alam=0;
            Delay5ms();Delay5ms();
            alam=1;
            if(AorB==0)
            {
                if(scoreA<999)
                    scoreA++;
                else
                    scoreA=999;
            }
            else
            {
                if(scoreB<999)
```

```
                            scoreB++;
                    else
                        scoreB=999;
                }
            }
            do
                display();
            while(add1==0);
        }
    if(dec1==0)
    {
        display();
        if(dec1==0);
        {
            alam=0;
            Delay5ms();Delay5ms();
            alam=1;
            if(AorB==0)
            {
                if(scoreA>0)
                    scoreA--;
                else
                    scoreA=0;
            }
            else
            {
                if(scoreB>0)
                    scoreB--;
                else
                    scoreB=0;
            }
        }
        do
            display();
        while(dec1==0);
    }
    if(add2==0)
    {
        display();
        if(add2==0);
        {
            alam=0;
            Delay5ms();Delay5ms();
            alam=1;
            if(AorB==1)
            {
```

```
            if(scoreA<999)
                scoreA++;
            else
                scoreA=999;
        }
        else
        {
            if(scoreB<999)
                scoreB++;
            else
                scoreB=999;
        }
    }
    do
        display();
    while(add2==0);
}
if(dec2==0)
{
    display();
    if(dec2==0);
    {
        alam=0;
        Delay5ms();Delay5ms();
        alam=1;
        if(AorB==1)
        {
            if(scoreA>0)
                scoreA--;
            else
                scoreA=0;
        }
        else
        {
            if(scoreB>0)
                scoreB--;
            else
                scoreB=0;
        }
    }
    do
        display();
    while(dec2==0);
}
    }
}
/* --------------主函数--------------* /
```

```c
void main(void)
{
    TMOD=0x11;
    TL0=0xb0;
    TH0=0x3c;
    TL1=0xb0;
    TH1=0x3c;
    minit=15;    //初始值为 15:00
    second=0;
    EA=1;
    ET0=1;
    ET1=1;
    TR0=0;
    TR1=0;
    P1=0xFF;
    P3=0xFF;
    while(1)
    {
        keyscan();
        display();
    }
}
/* -------------------中断服务函数-------------------* /
void time0_int(void) interrupt 1
{
    TL0=0xb0;
    TH0=0x3c;
    TR0=1;
    count++;
    if(count==10)
    {
        halfsecond=0;
    }
    if(count==20)
    {
        count=0;
        halfsecond=1;

        if(second==0)
        {
            if(minit>0)
            {
                second=59;
                minit--;
            }
            else
            {
```

```
                        timeover=1;
                        playon=0;
                        TR0=0;
                        TR1=1;
                    }
                }
            else
                second--;
        }
    }
    /* -----------------中断服务函数-----------------* /
    void time1_int(void) interrupt 3
    {
        TL1=0xb0;
        TH1=0x3c;
        TR1=1;
        count1+ + ;
        if(count1==10)
        {
            alam=0;
        }
        if(count1==20)
        {
            count1=0;
            alam=1;
        }
    }
```

2.5　系统仿真及调试

　　软件调试主要运用 Keil 软件和 Proteus 软件完成。在编写好源程序、画出原理图之后,在电脑上进行软件仿真。首先新建一个工程,选择 80C51 处理器,再新建文档编辑程序,编辑完后保存为 Gamescorer.C,并将保存的.C 文件加入工程中;然后选择"Project"下的"Options for Target'Target 1'"选项,在弹出的对话框的"Target"项里输入晶振为 12 MHz,在"Output"项里勾选"Create HEX File";其次编译程序,Keil 软件会自动生成.hex 文件;最后将系统原理图在 Proteus 软件环境下画好,并运用 Proteus 软件进行仿真,系统初始化后比赛时间为 15 分钟,24 秒倒计时准备,两队比分均为 0。系统仿真初始化如图 2-10 所示。

　　利用 add1 键和 dec1 键对比赛时间进行分钟设置,利用 add2 键和 dec2 键对比赛时间的秒进行设置,这里设置比赛时间为 12 分钟,按下 run/stop 键,比赛计时计分器开始工作。修改比赛时间后的仿真图如图 2-11 所示。

　　利用 add1 键和 dec1 键对甲队的得分进行加/减设置,利用 add2 键和 dec2 键对乙队的得分进行加/减设置,比赛计时计分器开始工作。加/减得分后的仿真图如图 2-12 所示。

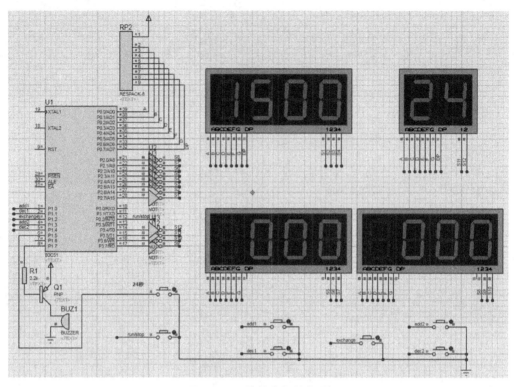

图 2-10　系统仿真初始化图

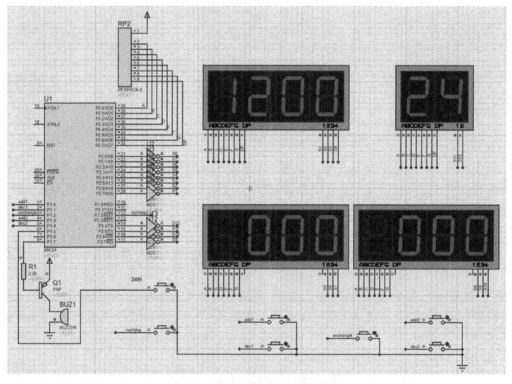

图 2-11　修改比赛时间后的仿真图

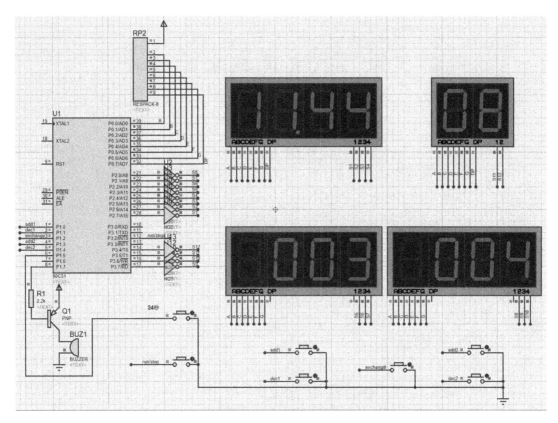

图 2-12 加/减得分后仿真图

小贴示

　　篮球比赛是根据参赛队在规定的时间里得分多少来决定胜负的,因此,篮球比赛的计时计分系统是一个得分类型的系统,也是一个负责篮球比赛的数据采集和分配的专用系统。篮球比赛的计时计分系统负责比赛结果、成绩信息的采集处理与传输分配,即将篮球比赛比分数据通过专用的技术接口分别传送给裁判员、教练员、计算机信息系统和现场观众等。篮球比赛的计时计分系统由计时器、计分器等多种电子设备组成,由于比赛的不可重复性,决定了篮球计时计分系统是一个实时性很强、可靠性要求极高的电子服务系统,所以计时计分系统是篮球比赛中一种不可缺少的电子设备。计时计分系统设计是否合理,关系到比赛系统运行的稳定性和准确性,并直接影响到比赛的进程。同时,根据目前高水平篮球比赛的要求,完善的篮球比赛计时计分系统应能够与现场成绩处理、现场大屏幕、电视转播车等多种设备相关联,以便实现高水平比赛的现场感、竞技性等功能。随着比赛规则的进一步完善,相应的计时计分系统也应随之改进。

第3章 数字电压表的设计

3.1 项目要求

设计一个数字电压表,要求实现以下基本功能。

(1)采用1路模拟量输入,能够测量0 V~5 V之间的直流电压值。

(2)电压可采用四位一体的LED数码管显示,至少能够显示两位小数。

(3)可设置报警值,当测量电压高于报警值时,蜂鸣器就会鸣叫。

3.2 方案论证

设计5 V模拟电压信号,通过变阻器RV1分压后,由ADC0808组件的IN0通道进入(由于使用的是IN0通道,所以ADDA、ADDB、ADDC均接低电平),经过A/D(模/数)转换后,产生相应的数字量,再经过输出通道OUT1~OUT8传送至AT89C51单片机的P1口。AT89C51单片机负责将接收到的数字量进行数据处理,从而产生正确的七段数码管的显示段码,并传送给四位一体的LED,同时它还通过4个I/O口P2.0、P2.1、P2.2、P2.3产生位选信号控制数码管的亮/灭。

由于AT89C51单片机为8位处理器,当输入电压为5 V时,ADC0808组件输出数据值为255(0FFH),因此,单片机的最高数值分辨率为:

$$\frac{5\mathrm{V}}{255}=0.0196 \mathrm{~V}$$

这就决定了电压表的最高数值分辨率只能达0.0196 V,测试电压一般以0.01 V的幅度变化。数字电压表结构框图如图3-1所示。

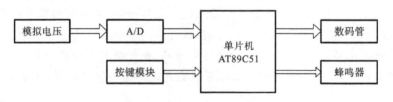

图3-1 数字电压表结构框图

3.3 系统硬件电路设计

3.3.1 总体电路设计

系统的总体电路主要包括单片机最小系统、ADC 转换电路、显示电路、蜂鸣器报警电路和按键电路五个部分。其中单片机最小系统由时钟电路、单片机复位电路、AT89C51 单片机构成。系统的显示模块设计采用两个四位八段数码管显示器,对转换后的电压值进行显示,可以达到精度要求,同时可通过按键设置报警值,当测量电压大于报警值时,蜂鸣器鸣叫。

总体电路图如图 3-2 所示。

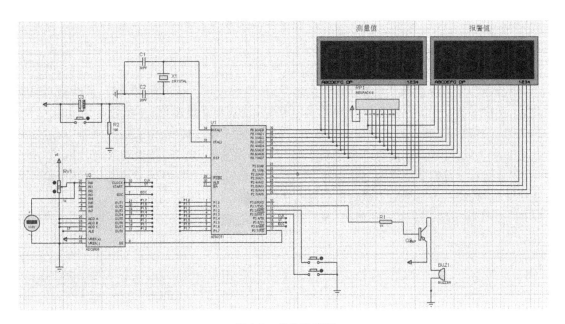

图 3-2　总体电路图

3.3.2 主控电路

系统使用 AT89C51 单片机设计。该单片机由中央处理器、内部数据存储器、程序存储器、定时/计数器、I/O 口等组成。

时钟电路是单片机的核心部分,它控制着单片机的工作,AT89C51 单片机允许的时钟频率典型值为 12 MHz。在 XTAL1 和 XTAL2 两端跨接石英晶体及两个电容就可以构成稳定的自激振荡器。通常,时钟频率为 0.5 MHz~16 MHz,典型值为 12 MHz,电容器 C1 和 C2 通常取 20 μF。调节它们可以达到微调震荡周期 fosc 的目的。

单片机的 RST 管脚为主机提供一个外部复位信号输入端口。复位信号是高电平有效,持续时间应为2个机器周期以上，复位以后，单片机内各部件恢复到初始状态。复位电路的电阻电容器件参考值为：R1＝200 Ω，R2＝1 kΩ，C3＝22 μF。RET按键可以选择专门的复位按键，也可以选择轻触开关。

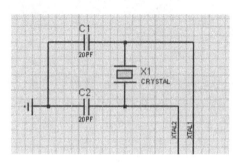

图3-3　晶振电路

主控模块中，主要包括晶振电路、复位电路、上拉电阻。

1. 晶振电路

晶振电路是给单片机提供时钟信号，单片机在这个时钟信号下进行工作。晶振电路如图3-3所示。

2. 复位电路

复位电路是使程序计数器清零，也就是让程序从头开始执行。复位电路又可分为上电复位和按键复位。上电复位是指单片机系统在打开电源后自动地复位单片机。按键复位是通过按键进行手动的复位单片机，这种情况一般在单片机卡死的情况下使用。复位电路如图3-4所示。

3. 上拉电阻

单片机的P0口是漏极开路输出。作为输出：如果没有接上拉电阻（排阻），那么输出电流非常低，当输出低电平的时候是0，当输出高电平时，虽处于高阻态，但并非为5 V，也就是说，输出高电平不稳定。所以需要添加上拉电阻（排阻）（即一端连接到VCC），由VCC通过这个上拉电阻给负载提供电流，使得高电平输出稳定。作为输入：当P0作为输入时，可以不加上拉电阻（排阻），不过需要在读取之前先将P0置1，使P0口处于高阻浮空状态，这样所输入的高电平才能被读取，否则无法正确读取到高电平的数值。

综上，P0加上拉电阻是有必要的，不管作为输入还是作为输出。上拉电阻电路如图3-5所示。

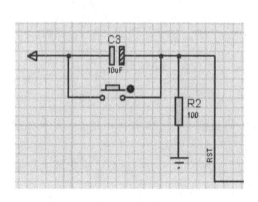

图3-4　复位电路

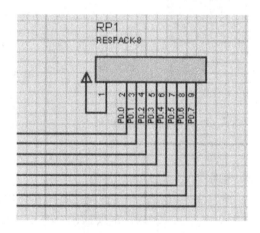

图3-5　上拉电阻电路

完整的主控电路如图3-6所示。

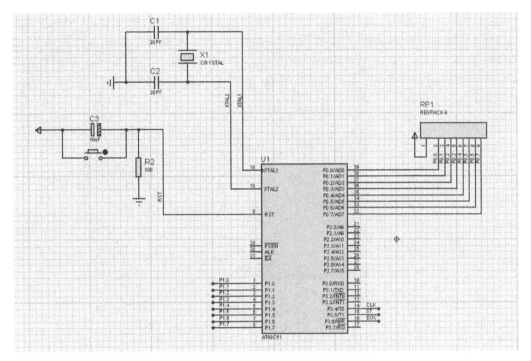

图 3-6 完整的主控电路

3.3.3 A/D 转换电路

A/D 转换由集成电路 ADC0808 组件完成,ADC0808 是采样分辨率为 8 位的、以逐次逼近原理进行模/数转换的器件。ADC0808 内部有一个 8 通道多路开关,可以根据地址码锁存译码后的信号,只选通 8 路模拟输入信号中的一个进行 A/D 转换。ADC0808 芯片有 28 个引脚,采用双列直插式封装(见图 3-7),各引脚功能如下。

(1) 引脚 1~5 和引脚 26~28:表示 8 路模拟量输入端。

(2) 引脚 8、14、15 和引脚 17~21:表示 8 位数字量输出端。

(3) 引脚 22(ALE):表示地址锁存允许信号,输入高电平有效。

(4) 引脚 6(START):表示 A/D 转换启动脉冲输入端,输入一个正脉冲(至少 100 ns 宽)使其启动(脉冲上升沿使 0809 复位,下降沿启动 A/D 转换)。

(5) 引脚 10(CLK):表示时钟脉冲输入端,要求时钟频率不高于 640 kHz。

(6) 引脚 12(VREF(+))和引脚 16(VREF(-)):表示参考电压输入端。

(7) 引脚 11(VCC):表示主电源输入端。

(8) 引脚 13(GND):表示地。

(9) 引脚 23~25(ADDA、ADDB、ADDC):表示 3 位地址输入线,用于选通 8 路模拟输入中的一路。

START 为转换启动信号,当 START 为上跳沿时,所有内部寄存器清零;当 START 为下跳沿时,开始进行 A/D 转换。在转换期间,START 应保持低电平。EOC 为转换结束信号,当 EOC 为高电平时,表明转换结束;否则,表明正在进行 A/D 转换。OE 为输出允许信号,用于控制三条输出锁存器向单片机输出转换得到的数据,当 OE=1 时,输出转换得到的数据,由 OUT1～OUT8 送至 P1 口;当 OE=0 时,输出数据线呈高阻状态。CLOCK 为时钟输入信号,因为 ADC0808 组件的内部没有时钟电路,所以时钟信号必须由外界提供,通常使用频率为 500 kHz。VREF(+)和 VREF(-)为参考电压输入。ADC0808 组件将采集模拟量电压转换成数字量信号,送到单片机处理,最终显示出对应的电压值。A/D 转换电路如图 3-7 所示。

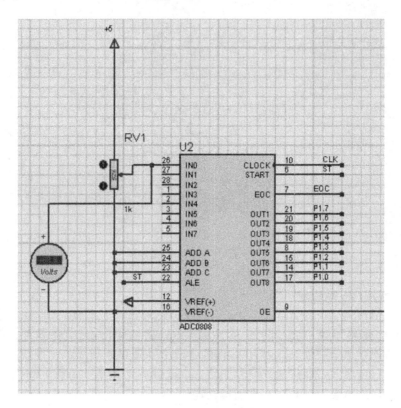

图 3-7　A/D 转换电路

3.3.4　显示电路

本设计中采用的是共阳数码管,编程时要求动态显示。

静态显示:对于多位的数码管来说,控制的时候是全部一起控制,这样就造成所有的数码管在同一时刻只能显示一个数字或者字母。

动态显示:对于多位数码管来说,将所有的段位端连接在一起,然后每个段位选用一个 I/O 口控制,控制的时候一位一位地打开显示,段选就依次对应输入段选码,这样每位显示出来的内容就可以不一样。这里需要控制好显示的间隔时间,时间过快会导致数码管闪烁,时间过慢会导致显示不连贯,间隔时间控制在 1 ms～2 ms 之间就可以了,这就是运用了人眼的"余辉效应"的原理。

本系统中采用两个四位一体的共阳级 LED 数码管,一个用于显示电压的测量值,另一个用于显示电压的报警值。电路连接时,P0 口作为 LED 数码管的段选输出信号,P2 口作为 LED 数码管的位选输出控制信号,显示电路如图 3-8 所示。

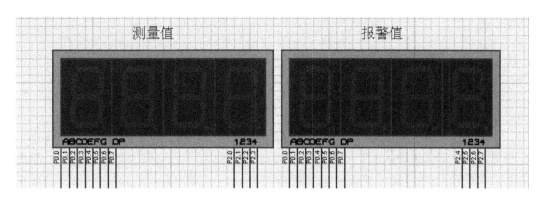

图 3-8　显示电路

3.3.5　蜂鸣器报警电路

蜂鸣器选用 5 V 电磁式有源蜂鸣器。由于蜂鸣器的工作电流一般比较大,单片机的 I/O 口无法直接驱动,所以需要利用三极管开关电路来驱动。本系统选用的是 PNP 三极管,基极串联一个 1 KB 的电阻连接到单片机的 I/O 口。当 I/O 口输出低电平时,三极管导通,蜂鸣器鸣叫;当 I/O 口输出高电平时,三极管截止,蜂鸣器停止鸣叫。蜂鸣器报警电路如图 3-9 所示。

3.3.6　按键电路

本设计中设置有按键电路,通过两个独立按键进行报警值的加减。按键的一端连接单片机的 I/O 口,另一端连接地。这样设计是因为单片机的 I/O 口悬空在没有作为输出的情况下且默认为高电平,所以在按键没有按下时相当于该 I/O 口处于悬空状态,当按键按下后 I/O 口的电平就会被拉低,这样单片机只需要循环地检测 I/O 口是否有出现低电平,就可以判断是否有按键按下。因为这种按键采用的是金属解除的方式,会有抖动纹波的情况发生,所以在程序设计中需要适当加上短暂的延时消抖程序。按键电路如图 3-10 所示。

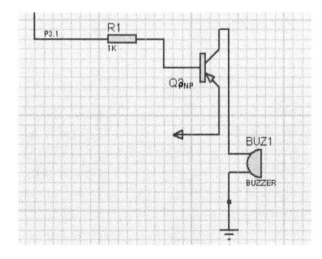

图 3-9　蜂鸣器报警电路

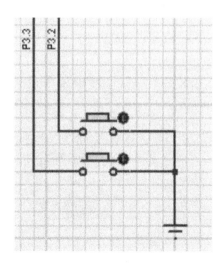

图 3-10　按键电路

3.4 系统软件设计

3.4.1 主程序设计

本系统采用顺序程序设计。首先是系统初始化,并读取 ADC0808 测量电压值,当测量电压值大于报警值时,蜂鸣器报警;然后通过调节变阻器 RV1 来改变输入电压的大小,当输入电压小于设置值时,蜂鸣器停止报警;最后通过按键改变报警值的大小。主程序流程图如图 3-11 所示。

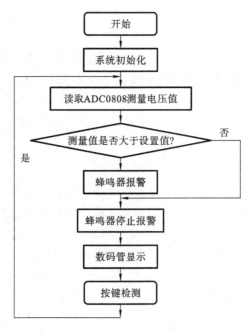

图 3-11　主程序流程图

3.4.2 A/D 转换程序设计

ADC0808 组件的工作时序图如图 3-12 所示。

当通道选择地址有效时,ALE 信号一出现,地址便马上被锁存,这时启动转换信号紧随 ALE 信号之后(或与 ALE 同时)出现。START 信号的上升沿将逐次逼近寄存器 SAR 复位,在该上升沿之后的 2 μs 加 8 个时钟周期内(不定),EOC 信号将变成低电平,以指示转换操作正在进行中,直到转换完成后 EOC 信号再变成高电平。微处理器收到变为高电平的 EOC 信号后,便立即送出 OE 信号,打开三态门,读取转换结果。

A/D 转换程序首先定义启动信号,输出允许信号,输入地址锁存信号、A/D 转换结束信号及 CLK 时钟信号的变量;然后利用 AT89C51 单片机中定时器 T0 口的工作方式 2 产生 CLK 时钟信号,供 A/D 转换器使用,START 信号的上升沿启动 A/D 转换,等待转换结束,即 EOC

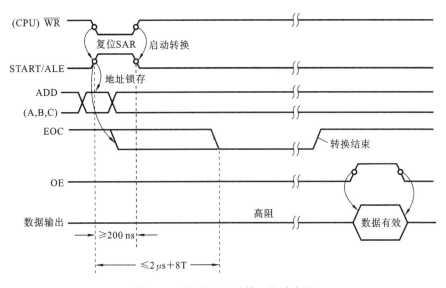

图 3-12 ADC0808 组件工作时序图

信号从 0 变为 1,同时 OE 是输出使能信号端,其信号从高电平变为低电平;最后输出转换数据并将其进行数值转换,再送入数码管显示数据。A/D 转换流程图如图 3-13 所示。

3.4.3 显示程序设计

显示模块程序设计采用动态显示,首先将段码值通过 P0 口送出,然后打开相应数码管位码,延时 1 ms 后,显示下一个数字。显示程序流程图如图 3-14 所示。

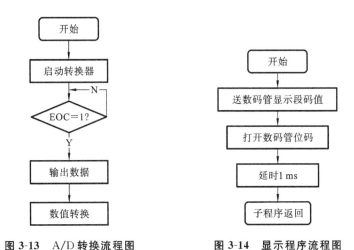

图 3-13 A/D 转换流程图　　**图 3-14 显示程序流程图**

3.4.4 报警程序设计

报警程序设计首先判断测试电压值是否大于设定值,当测量电压值大于设定值时,蜂鸣器报警;当测量电压值小于设定值时,蜂鸣器停止报警。报警程序流程图如图 3-15 所示。

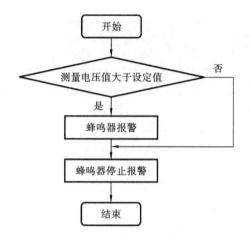

图 3-15 报警程序流程图

3.4.5 程序清单

程序清单运行示例，请扫描右侧二维码。

```c
#include<reg51.h>
#define uchar unsigned char
#define uint unsigned int
uchar code DSY_CODE[]={0x3f,0x06,0x5b,0x4f,0x66,0x6d,0x7d,0x07,0x7f,0x6f};
uchar code DSY_CODE1[]={0xbf,0x86,0xdb,0xcf,0xe6,0xed,0xfd,0x87,0xff,0xef};
sbit CLK=P3^4;
sbit ST=P3^5;
sbit EOC=P3^6;
sbit OE=P3^7;
sbit BUZZ=P3^1;
sbit s1=P3^2;
sbit s2=P3^3;
float d;
uint alarm=33;
/* ----------------延时函数-------------------* /
void DelayMs(uint ms)
{
    uchar i;
    while(ms--)
        for(i=0;i<120;i++);
}
/* --------------显示函数---------------* /
void Disp_result(d)
{
    d=(d/255.000)*5000;
    P0=DSY_CODE1[d/1000];
```

```
P2=0xfe;
DelayMs(1);
P2=0xff;
P0=DSY_CODE[(d/100)%10];
P2=0xfd;
DelayMs(1);
P2=0xff;
P0=DSY_CODE[(d/10)%10];
P2=0xfb;
DelayMs(1);
P2=0xff;
P0=DSY_CODE[d%10];
P2=0xf7;
DelayMs(1);
P2=0xff;
P2=0xff;
P0=DSY_CODE1[alarm/10];
P2=0xbf;
DelayMs(1);
P2=0xff;
P2=0xff;
P0=DSY_CODE[alarm%10];
P2=0x7f;
DelayMs(1);
P2=0xff;
if(d>alarm*100)
    BUZZ=0;
else
    BUZZ=1;
}
/* ----------------按键检测函数------------*/
void key()
{
    if(s1==0)
    {
        DelayMs(5);
        if(s1==0)
        {
            while(!s1);
            alarm++;
            if(alarm>50) alarm=50;
        }
    }
    if(s2==0)
    {
```

```
        DelayMs(5);
        if(s2==0)
        {
            while(!s2);
            if(alarm>1)
                alarm--;
        }
    }
}
/* --------------------中断--------------------* /
void Timer0_INT() interrupt 1
{
    CLK=~CLK;
}
/* ----------------主函数----------------* /
void main()
{
    TMOD=0x02;
    TH0=0x14;
    TL0=0x00;
    IE=0x82;
    TR0=1;
    BUZZ=1;
    while(1)
    {
        ST=0;ST=1;ST=0;
        while(EOC==0);
        OE=1;
        Disp_result(P1);
        OE=0;
        key();
    }
}
```

3.5 系统仿真及调试

（1）通过 Proteus 软件设计电路图。

（2）将所写程序通过 Keil 软件下载到 AT89C51 单片机。

（3）检测电路无误后,运行系统仿真。调节滑动变阻器 RV1,模拟输入电压值随之变化,通过调节两个按键可改变报警值的大小,每按下一次按键,报警值加或减 0.1 V,当测量电压值大于报警值时,蜂鸣器报警,数字电压表仿真效果如图 3-16 所示。

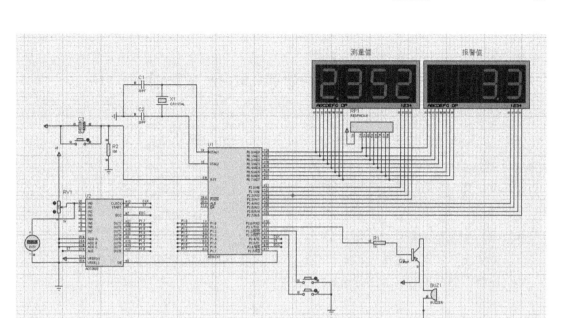

图 3-16　数字电压表仿真效果

小贴示

通过本设计的学习,可加深读者对单片机的基本原理、功能以及构造的理解,同时让读者掌握 ADC0808 组件的基本工作原理、熟悉 Keil 软件和 Proteus 软件的使用方法。读者可利用 C 语言在 Keil 软件下编程实现所需要的功能,同时在 Protuse 软件上画电路图并进行仿真,通过软/硬件的设计,可提高读者分析问题和解决问题的能力。

模拟信号和数字信号是我们用不同的方法去看待同样的信号,从不同的维度得到相同的结果。在日常生活中,我们应具备从不同视角分析问题和处理问题的能力。如果仅从单方面看待事物,就会成为摸象的"瞎子",局限在某个角度,无法理解事物整体,进而不能理解其本质,也无法更好地应用和发展。

第4章 简易信号发生器的设计

4.1 项目要求

设计一个简易的函数信号发生器,要求实现以下基本功能。

(1) 能生成多种周期性信号,如正弦波、方波、三角波、锯齿波等常用的波形。

(2) 能够根据需要对波形进行选择切换。

4.2 方案论证

函数信号发生器的实现方法有很多。第一种方案:可以通过单片机使用编程的方法产生波形,通过 D/A(数/模)转换芯片进行滤波以及放大,然后输出波形。此方案的优点是电路简单、成本低、易调节、可扩展,但输出的波形不够稳定,抗干扰能力弱。还可用分立元件组成函数信号发生器,这里组成的函数信号发生器通常是单函数发生器,且频率不高,工作不稳定,不易调试。还可利用直接数字合成(DDS)芯片设计函数信号发生器,该信号发生器能产生任意波形,并达到很高的频率,但成本较高。第二种方案:使用传统的锁相频率合成方法,即通过 IC145152 芯片压控振荡器搭接的锁相环电路,输出稳定性极好的正弦波,再利用过零比较器将正弦波转换成方波,或者利用积分电路将正弦波转换成三角波。此方案涉及的电路复杂,干扰因素多,不易实现。第三种方案:利用由 MAX038 芯片组成的电路输出波形,MAX038 芯片可生成精密高频波形,能够产生准确的三角波、方波和正弦波这三种周期性波形,但此方案成本高,程序复杂度高。综合考虑,选择第一种方案,即使用单片机编程的方法。

信号的选择可采用键盘控制或者拨码开关控制等多种方式。本设计要求产生几种周期性波形,直接采用拨码开关的方式更加简洁,更容易操作。可使不同的拨码开关直接控制相应的波形,如需更改频率,则可使用程序进行更改或者增加按键控制。

综上所述,该系统采用单片机作为数据处理及控制的核心,由单片机完成系统控制、信号的采集分析以及信号的处理和变换,利用拨码开关控制、选择波形。在设计时,将系统分解为 D/A(数/模)转换电路、信号放大电路及波形选择电路等。图 4-1 为简易信号发生器系统总体结构框图。

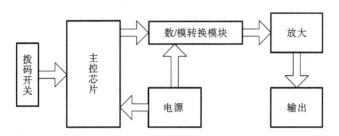

图 4-1 简易信号发生器系统总体结构框图

4.3 系统硬件电路设计

信号发生器以 AT89C52 单片机作为数据处理以及控制的核心,由拨码开关控制相应波形的选择,以 DAC0832 芯片作为 D/A 转换芯片。使用二级放大器对 D/A 转换后的波形进行放大。输出波形由示波器显示。

4.3.1 单片机系统及外围电路

选用 AT89C52 单片机,单片机 P1 口的 P1.0~P1.3 引脚分别接 4 个拨码开关,用来控制波形的选择。单片机 P0 口作为信号的输出端,连接 D/A 转换器的输入端。P2.7 以及 P3.6 引脚用来控制 D/A 转换器的工作状态。主控电路如图 4-2 所示。

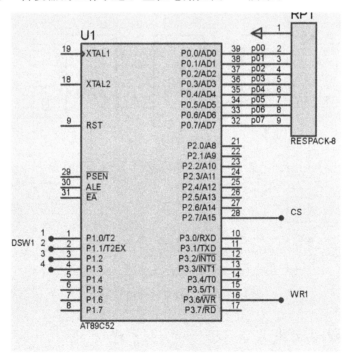

图 4-2 主控电路

4.3.2　D/A 转换电路

本设计通过编程由单片机生成数字信号,数字信号还需转换为模拟信号,在此使用 D/A 转换电路(采用 DAC0832 芯片),本设计采用直通方式进行 D/A 转换。从单片机 P0 口输出的数据直接连接到模数芯片 DAC0832 的数据口,简洁起见,在仿真图中采用网络节点的方式进行连线。D/A 转换电路如图 4-3 所示。

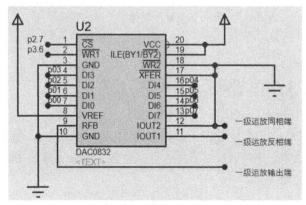

图 4-3　D/A 转换电路

单片机的 P0 口连接 DAC0832 芯片的 8 位数据输入端,单片机 P2 口的 P2.7 引脚给出片选信号,单片机 P3 口的 P3.6 引脚提供写选通信号。DAC0832 芯片的输出端接放大器,将数字信号放大后,可输出所要的波形。DAC0832 芯片为 8 位数据并行输入的芯片,其内部结构如图 4-4 所示。

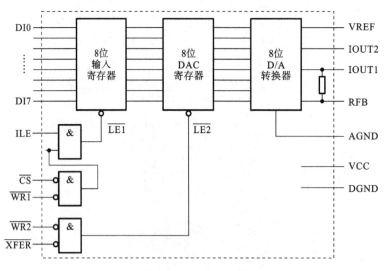

图 4-4　DAC0832 芯片的内部结构

4.3.3　信号放大电路

从单片机中输出的数字信号经过 DAC0832 芯片转换后,幅值比较小,因此需要将其放大。采用常规的放大方式,使用两片运放,实现两级放大。信号放大电路如图 4-5 所示。

4.3.4 波形选择电路

本系统利用拨码开关控制波形的选择,如需选择对应的波形,只需把相应的拨码开关拨到 "ON"即可。拨码开关分别连接了单片机 P1 口的 P1.0~P1.3 引脚,通过在程序中把波形与引脚相对应,并对 P1 口赋值,即可简便地实现拨码开关控制波形选择的功能。波形选择电路如图 4-6 所示。

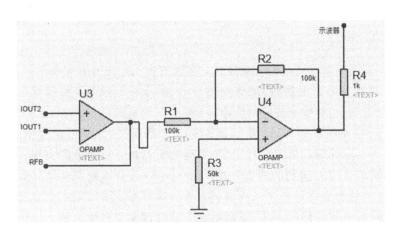

图 4-5 信号放大电路

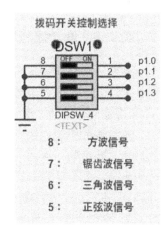

图 4-6 波形选择电路

4.3.5 电路原理图

综上所述,简易信号发生器整体电路原理图如图 4-7 所示。

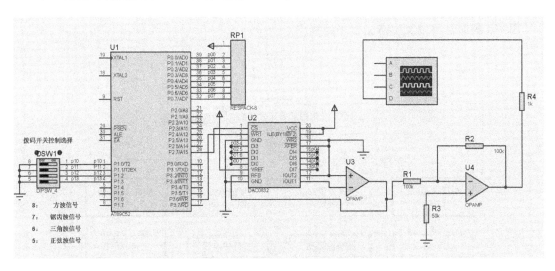

图 4-7 简易信号发生器整体电路原理图

4.4 系统软件设计

简易信号发生器软件的主要功能是使用编程的方法输出几种基本波形信号,波形信号受波形选择模块的控制,即由 P1 口的 4 个引脚为高电平或低电平来输出不同的信号。系统软件由主程序和产生波形的子程序组成,软件设计主要是对产生各种波形的子程序进行编程。波形的选择在主程序中实现,通过给 P1 口写入对应数值来选择。

4.4.1 设计流程图

系统主程序开始运行以后,首先对系统环境进行初始化。在没有拨动拨码开关的情况下,默认 P1 口为 0xff,没有输出。对各拨码开关拨码,即分别给 P1 口的 P1.0～P1.3 引脚低电平,可分别对应产生 4 种波形的函数,从而生成相应的波形。

正弦波的实现方法为输入正弦波的采样点,计算出 256 个(1 个周期内)正弦波信号值。然后通过输出的两点间的延时来实现调频。依次循环输出,可得出正弦波。三角波的实现方法为设置一个自变量 i,让它不断地自加 1,直到加到 255 时,令 t=i,对 t 进行不断地自减 1,直到减到 t=0,然后再不断地重复上述过程即可产生三角波。方波的实现方法为设置一个自变量 i,令 i=0 并延时,再另 i=255 并延时相同的时间,不断重复上述过程即可产生方波。锯齿波中的斜线可用一个个小台阶来逼近,在一个周期内信号从最小值开始逐步递增,当达到最大值后又回到最小值,如此循环,当台阶间隔很小时,波形基本上近似于直线。适当选择循环的时间,可以得到不同的周期性锯齿波。锯齿波的产生原理与方波的类似,只是高、低两个时延的常数不同,所以可用延时法来产生锯齿波,设置一个自变量 i,让它不断地自加 1,直到加到 255,DAC0832 芯片可以又自动归 0,然后再不断地重复上述过程。

若还需要其他波形或者更改频率,可直接修改程序代码。

图 4-8 是简易信号发生器主程序流程图。

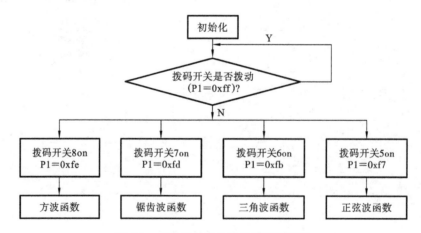

图 4-8 简易信号发生器主程序流程图

4.4.2 程序清单

程序清单运行示例,请扫描右侧二维码。

```c
/* -----------------函数声明------------------* /
#include< reg52.h>
#include< absacc.h>
#define DAC0832 XBYTE[0x0fff]
float code table2[]={
      0x80,0x83,0x85,0x88,0x8A,0x8D,0x8F,0x92,
      0x94,0x97,0x99,0x9B,0x9E,0xA0,0xA3,0xA5,
      0xA7,0xAA,0xAC,0xAE,0xB1,0xB3,0xB5,0xB7,
      0xB9,0xBB,0xBD,0xBF,0xC1,0xC3,0xC5,0xC7,
      0xC9,0xCB,0xCC,0xCE,0xD0,0xD1,0xD3,0xD4,
      0xD6,0xD7,0xD8,0xDA,0xDB,0xDC,0xDD,0xDE,
      0xDF,0xE0,0xE1,0xE2,0xE3,0xE3,0xE4,0xE4,
      0xE5,0xE5,0xE6,0xE6,0xE7,0xE7,0xE7,0xE7,
      0xE7,0xE7,0xE7,0xE7,0xE6,0xE6,0xE5,0xE5,
      0xE4,0xE4,0xE3,0xE3,0xE2,0xE1,0xE0,0xDF,
      0xDE,0xDD,0xDC,0xDB,0xDA,0xD8,0xD7,0xD6,
      0xD4,0xD3,0xD1,0xD0,0xCE,0xCC,0xCB,0xC9,
      0xC7,0xC5,0xC3,0xC1,0xBF,0xBD,0xBB,0xB9,
      0xB7,0xB5,0xB3,0xB1,0xAE,0xAC,0xAA,0xA7,
      0xA5,0xA3,0xA0,0x9E,0x9B,0x99,0x97,0x94,
      0x92,0x8F,0x8D,0x8A,0x88,0x85,0x83,0x80,
      0x7D,0x7B,0x78,0x76,0x73,0x71,0x6E,0x6C,
      0x69,0x67,0x65,0x62,0x60,0x5D,0x5B,0x59,
      0x56,0x54,0x52,0x4F,0x4D,0x4B,0x49,0x47,
      0x45,0x43,0x41,0x3F,0x3D,0x3B,0x39,0x37,
      0x35,0x34,0x32,0x30,0x2F,0x2D,0x2C,0x2A,
      0x29,0x28,0x26,0x25,0x24,0x23,0x22,0x21,
      0x20,0x1F,0x1E,0x1D,0x1D,0x1C,0x1C,0x1B,
      0x1B,0x1A,0x1A,0x1A,0x19,0x19,0x19,0x19,
      0x19,0x19,0x19,0x19,0x1A,0x1A,0x1A,0x1B,
      0x1B,0x1C,0x1C,0x1D,0x1D,0x1E,0x1F,0x20,
      0x21,0x22,0x23,0x24,0x25,0x26,0x28,0x29,
      0x2A,0x2C,0x2D,0x2F,0x30,0x32,0x34,0x35,
      0x37,0x39,0x3B,0x3D,0x3F,0x41,0x43,0x45,
      0x47,0x49,0x4B,0x4D,0x4F,0x52,0x54,0x56,
      0x59,0x5B,0x5D,0x60,0x62,0x65,0x67,0x69,
      0x6C,0x6E,0x71,0x73,0x76,0x78,0x7B,0x7D};

/* -----------------延时函数----------------* /
void delay(unsigned int i)
{
```

```
        while(i--);
}


/* ------------------方波函数----------------*/
void fang()
{
    DAC0832=0;
    delay(15);
    DAC0832=0xff;
    delay(15);
}


/* ------------------锯齿波函数----------------*/
void jvchi()
{
    unsigned char i;
        for(i=0;i<255;i++)
            {
                DAC0832=i;
                //delay(10);
            }
}


/* --------------三角波函数----------------*/
void tran()
{
    unsigned char i;
    for(i=0;i<255;i++)
        {
            DAC0832=i;
            //delay(10);
        }
    for(i=255;i>0;i--)
        {
            DAC0832=i;
            //delay(10);
        }
}


/* --------------正弦波函数--------------*/
void sin()
{
    unsigned int i;
    for(i=0;i<256;i++)
        {
            DAC0832=table2[i];
            //delay(10);
```

```
        }
    }


/* ---------------主函数------------------* /
void main(void)
{
    while(1)
        {
            if(P1==0xfe)fang();
            if(P1==0xfd)jvchi();
            if(P1==0xfb)tran();
            if(P1==0xf7)sin();
            if(P1==0xff)DAC0832=0;
        }
}
```

4.5　系统仿真及调试

　　经过 Keil 软件编译后,在 Proteus 软件编辑环境中绘制仿真电路图,将编译好的. hex 文件加载到单片机 AT89C52 中,然后启动仿真,拨动拨码开关 5~8 可控制正弦波信号、三角波信号、锯齿波信号和方波信号的切换,将对应的开关从 OFF 拨到 ON 即可在示波器中观察到对应的仿真波形如图 4-9 到图 4-12 所示。每次只能选择发出一种波形,其他不用的开关需要拨到 OFF。

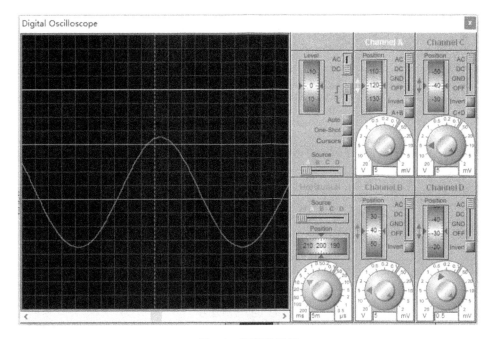

图 4-9　正弦波波形

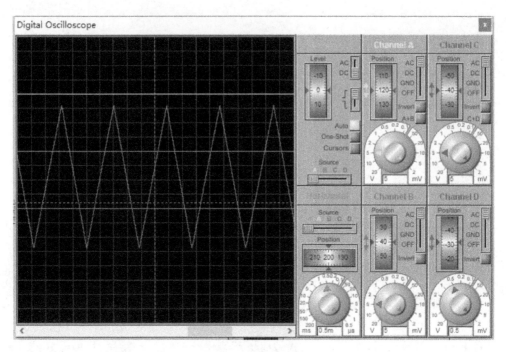

图 4-10　三角波波形

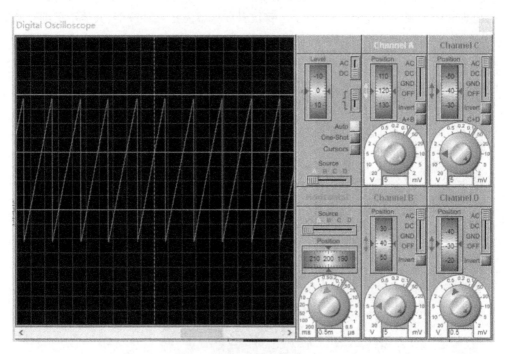

图 4-11　锯齿波波形

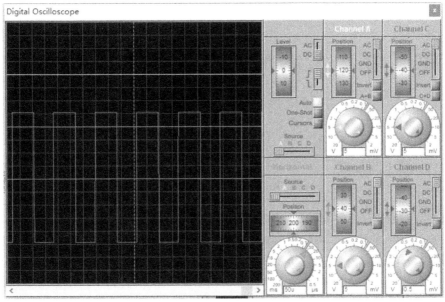

图 4-12　方波波形

小贴示

函数信号发生器又称信号源或振荡器,能够产生多种波形,如三角波、锯齿波、矩形波(含方波)、正弦波等。科学研究及工业应用要求的信号越来越精密,因此推动了函数信号发生器的发展。函数信号发生器作为一种精密的测试仪器,已成为工业生产、产品开发、科学研究等领域的必备工具,得到了广泛应用。

函数信号发生器产生的各种波形曲线均可以用三角函数方程式来表示,在电路实验和设备检测中具有十分广泛的用途。

信号发生器所产生的信号在电路中常常用来代替前端电路的实际信号,为后端电路提供一个理想信号。因为信号源信号的特征参数均可人为设定,所以可以方便地模拟各种情况下不同特性的信号,对于产品研发和电路实验特别有用。在电路测试中,我们可以通过测量、对比输入和输出信号,来判断信号处理电路的功能和特性是否达到设计要求。

函数信号发生器可用于测试或检修各种电子仪器设备中的低频放大器的频率特性、增益、通频带,也可用作高频信号发生器的外调制信号源。例如在通信、广播、电视系统中,都需要射频发射,这里的射频波就是载波,把音频、视频信号或脉冲信号运载出去,就需要能够产生高频的振荡器。在工业、农业、生物、医学等领域内,如高频感应加热、熔炼、淬火、超声诊断、核磁共振成像等,都需要功率或大或小、频率或高或低的振荡器。

高精度的信号发生器在计量和校准领域也可以作为标准信号源(参考源),待校准仪器以参考源为标准进行调校。在我们需要测量某种信号的精确度、性能、频率等需要找一个信号参照,观测检测信号的运动规律,再利用一些显示仪器(如示波器/数显仪表等)利用荧光屏来显示实测图像与函数信号发生器的图像进行比对,简化函数发生器测量工作。

由此可看出,信号发生器可广泛应用在电子研发、维修、测量、校准等领域。除供通信、仪表和自动控制系统测试用外,还广泛用于其他非电测量领域。

第5章 交通信号灯控制系统的设计

5.1 项目要求

设计一款交通信号灯控制系统,要求实现以下功能。

(1) 东、南、西、北四个方向的路口均有一组由红、黄、绿三色组成的交通信号灯,用以指示车辆通行状态。

(2) 当系统开始运行后,东西方向和南北方向的交通信号灯分别按照"红灯亮→绿灯亮→黄灯亮"和"绿灯亮→黄灯亮→红灯亮"的模式轮流显示。

(3) 能够实现暂停、手动设置通行时间、测试设备工作状态、紧急制动等功能。

交通信号灯变换规律和交通信号灯正常运行的四种状态分别如表5-1和图5-1所示。

表 5-1 交通信号灯变换规律表

南北方向	绿灯亮	黄灯亮	红灯亮	
	15 s	5 s	15 s	
东西方向	红灯亮		绿灯亮	黄灯亮
	20 s		10 s	5 s

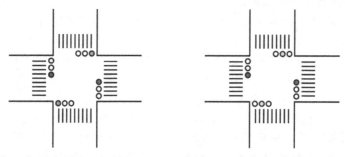

状态一:南北方向为绿灯、东西方向为红灯　　状态二:南北方向为黄灯、东西方向为红灯

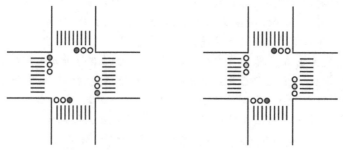

状态三:南北方向为红灯、东西方向为绿灯　　状态四:南北方向为红灯、东西方向为黄灯

图 5-1 交通信号灯正常运行的四种状态图

5.2　方案论证

　　该交通信号灯控制系统主要用于由两条主干道汇合而成的十字路口,红、黄、绿三种颜色的交通信号灯供该系统正常工作时使用,用红、黄、绿三种颜色的发光二极管作为键盘状态指示灯,用七段共阴极数码管倒计时显示剩余时间,用 4×4 矩阵键盘来控制交通信号灯的运行模式和通行时间。其中,交通信号灯由 AT89C52 的 P1 口控制,完成倒计时功能的数码管由单片机 AT89C52 的 P0 口、P2.0～P2.3 引脚控制,键盘状态指示灯由单片机 AT89C52 的 P2.4～P2.6 引脚控制,4×4 矩阵键盘由单片机 AT89C52 的 P3 口控制,控制程序存放在单片机 AT89C52 芯片的 ROM 中。

　　单片机通电后,系统对交通信号灯进行初始化,同时定时器开始计时,系统进入正常运行模式。系统将状态码送至 P1 口显示交通信号灯当前状态,将需要显示的时间送至 P0 口,用 P2 口的 P2.0～P2.3 引脚选通 LED 数码管。结合软件计数法定时 1 s,1 s 之后将显示的数值减 1,并刷新 LED 数码管的数值。倒计时结束,对下一个状态进行判断,并载入下一个状态的状态码和相应的时间值。

　　4×4 矩阵功能键盘采用列扫描方式扫描。列线为 P3.4、P3.5、P3.6、P3.7,行线为 P3.0、P3.1、P3.2、P3.3。该矩阵键盘主要完成对交通信号灯控制系统的高级控制,如暂停、手动设置通行时间、测试设备工作状态、紧急制动等。

　　综上所述,本设计主要由单片机最小系统、交通信号灯显示电路、LED 数码管倒计时显示电路、4×4 矩阵键盘电路、按键状态显示电路等构成。交通信号灯控制系统结构框图如图 5-2 所示。

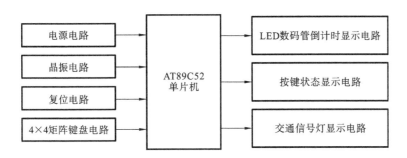

图 5-2　交通信号灯控制系统结构框图

5.3　系统硬件电路设计

5.3.1　主控电路

　　主控电路由单片机最小系统构成。单片机最小系统指的是单片机能够正常运行的最简配置。单片机最小系统由单片机、复位电路、晶振电路和电源电路构成,如图 5-3 所示。

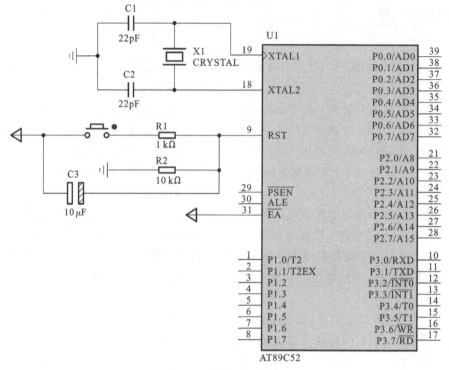

图 5-3 单片机最小系统

5.3.2 交通信号灯显示电路

红、黄、绿三色发光二极管组示意图如图 5-4 所示。本系统采用 Proteus 软件元件库中的 "Traffic lights(交通信号灯)"元件代替交通信号灯,其本质是红、黄、绿三种颜色的发光二极管组,设计时采用 4 组交通信号灯元件模拟实际道路路口的交通信号灯,向驾驶人员提供通行指示。

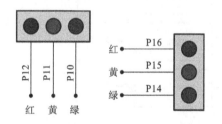

图 5-4 红、黄、绿三色发光二极管组示意图

南北方向上交通信号灯元件中的绿、黄、红三色发光二极管管脚分别接在 AT89C52 单片机的 P1.0、P1.1、P1.2 引脚上。东西方向上交通信号灯元件中的绿、黄、红三色发光二极管管脚分别接在 AT89C52 单片机的 P1.4、P1.5、P1.6 引脚上。当某个引脚输入为高电平时,与之对应的发光二极管被点亮;当某个引脚输入为低电平时,则不点亮。

5.3.3 LED 数码管倒计时显示电路

该交通灯控制系统选定的数码管为 7SEG-MPX2-CC(共阴型)二位一体数码管,共需使用 4 组,每组需要 2 个数码管,即一共需要 8 个数码管。二位一体数码管易于控制、制作方便,且成本低廉。单个 LED 数码管引脚图及共阴极接法示意图如图 5-5 所示。七段数码管通过不同的规律进行组合,能够显示不同的数字、字母或符号。该交通信号灯控制系统中的发光二极管的阴极连在一起构成公共端,使用时公共端接低电平。当发光二极管阳极端输入高电平时,发光二极管就导通点亮;当阳极端输入低电平时,则不点亮。

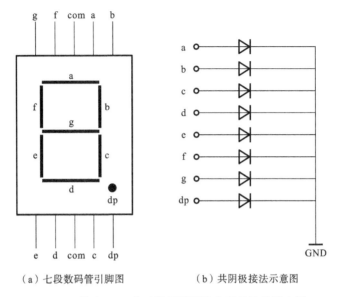

（a）七段数码管引脚图　　　　　　（b）共阴极接法示意图

图 5-5　单个 LED 数码管引脚图及共阴极接法示意图

该交通信号灯控制系统中的七段数码管显示采用软件译码动态显示方式。动态显示方式采用的是多路复用技术,即依次向每位数码管同时送出段选信号和相应的位选信号,首先由位选信号选择某一个数码管,然后由段选信号输出段码,确定数码管需要输出显示的内容。

该交通信号灯控制系统使用 P0 口控制 LED 数码管的段选线,使用 P2 口控制 LED 数码管的位选线。位与位之间利用软件延时交替,当延时时间非常短、闪烁频率达到每秒 25 帧时,人眼就不能分辨位与位之间的延时,再加上数码管的余辉,就能给人眼以各位数码管在同时显示的错觉。

5.3.4　4×4 矩阵键盘电路

本交通信号灯控制系统中共设置 4 组按键,每组有 4 个按键,即共有 16 个按键,采用阵列式键盘设计,4×4 矩阵键盘电路如图 5-6 所示。由于按键数量较多,采用行列扫描方式可以减少占用的单片机 I/O 口数目。

第一组:按键 S1 为"暂停"按键;按键 S2 为"设置"按键;按键 S3 为"重启(设置完成)"按键;按键 S4 为"测试模式"按键。

第二组:按键 S5 为南北方向绿灯时间加键(+);按键 S6 为南北方向黄灯时间加键(+);按键 S7 为南北方向绿灯时间减键(一);按键 S8 为南北方向黄灯时间减键(一)。

第三组:按键 S9 为东西方向绿灯时间加键(+);按键 S10 为东西方向黄灯时间加键(+);按键 S11 为东西方向绿灯时间减键(一);按键 S12 为东西方向黄灯时间减键(一)。

第四组:按键 S13 为南北方向紧急情况制动按键;按键 S14 为东西方向紧急情况制动按键;按键 S15 和按键 S16 无实际控制功能,可在后续扩展中使用。

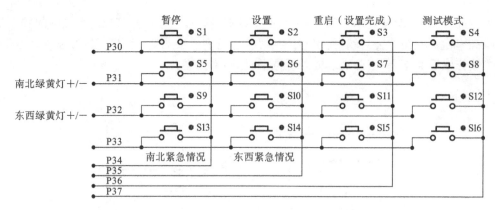

图 5-6　4×4 矩阵键盘电路

　　对于该交通信号灯控制系统,按下"设置"按键后,才能使用第二、三组的时间调整按键,对南北绿黄灯时间、东西绿黄灯时间进行调整。调整完成后,按下"重启(设置完成)"按键来表示时间设置完毕,进入新的工作状态。

　　同理,必须按下"设置"按键后,才能使用"测试模式"按键来测试交通设备。如果需要启用紧急制动模式,也必须先按下"设置"按键,按键 S13 或按键 S14 才有效,而且南北紧急制动和东西紧急制动不能同时实现,必须分别操作。

5.3.5　按键状态显示电路

　　按键状态显示电路如图 5-7 所示。其中,红色 D3 用来指示暂停模式,黄色 D2 用来指示南北紧急情况,绿色 D1 用来指示东西紧急情况。

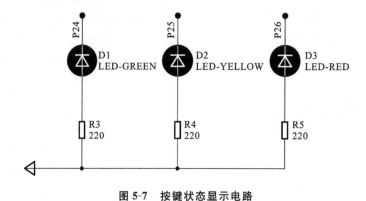

图 5-7　按键状态显示电路

5.4　系统软件设计

5.4.1　系统主程序

　　主程序以时间为主线来控制交通信号灯指示状态的转换和数码管倒计时显示,交通信号灯控制系统主程序流程图如图 5-8 所示。每一种交通状态下，程序都需要处理交通信号灯状态显示、数码管倒计时显示和按键扫描子程序，这些几乎是同时进行的。

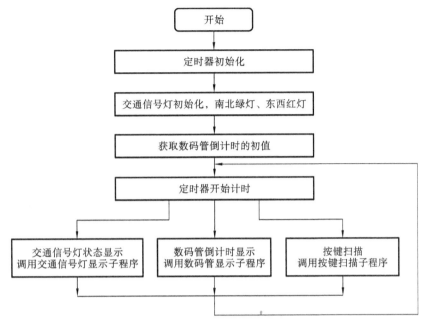

图 5-8　主程序流程图

5.4.2　程序清单

程序清单运行示例，请扫描右侧二维码。

```
# include< reg51.h>           //头文件
# define uchar unsigned char  //宏定义
# define uint unsigned int    //宏定义
uchar code table[]={          //共阴极数码管码表
0x3f,0x06,0x5b,0x4f,
0x66,0x6d,0x7d,0x07,
0x7f,0x6f,0x77,0x7c,
0x39,0x5e,0x79,0x71,
0xC9,0xFF,0x40};              //设置码,测试码,不计时码

void delay(uint x);           //延时函数
void display(uchar,uchar,uchar,uchar);  //数码管显示函数
void mkeys();                 //键盘函数
void traffic();               //交通信号灯函数

uchar num,                    //num:50ms 计数变量,当 num=20 时,1 s 时间到
num1,num2,                    //num1:南北方向倒计时数值,num2:东西方向倒计时数值
```

```
shi1,ge1,                        //shi1,ge1:南北方向倒计时十位和个位
shi2,ge2,                        //shi2,ge2:东西方向倒计时十位和个位
value1,value2,                   //南北:绿灯时间,黄灯时间
value3,value4,                   //东西:绿灯时间,黄灯时间
count1,count2,                   //南北标记
flag1,flag2;                     //东西标记

/* ----------------主函数---------------- * /
void main()
{
    TMOD= 0x01;                  //定时器 T0,工作方式 1,定时模式
    TH0= (65536-50000)/256;      //装入计数初值高 8 位,12 MHz,定时 50 ms
    TL0= (65536-50000)%256;      //装入计数初值低 8 位,12 MHz,定时 50 ms
    EA=1;                        //开 CPU 中断
    ET0=1;                       //开定时器 T0 中断
    TR0=1;                       //启动定时器 T0

    /* 初始状态* /
    value1=15;                   //南北绿黄灯默认值
    value2=5;

    value3=10;                   //东西绿黄灯默认值
    value4=5;

    num1=value1;                 //南北数码管先显示绿灯倒计时
    num2=value2+value1;          //东西红灯时间=南北绿灯倒计时+南北黄灯倒计时
    shi1=num1/10;
    ge1=num1%10;
    shi2=num2/10;
    ge2=num2%10;
    P1=0x41;                     //初始状态:东西红灯 20 s,南北绿灯 15 s

    while(1){
        if(num==20)              //定时器 1 s
        {
            num=0;
            num1--;
            num2--;
            traffic();

            shi1=num1/10;
            ge1=num1%10;

            shi2=num2/10;
```

```
                ge2=num2%10;


            }
        mkeys();
    display(shi1,ge1,shi2,ge2);
    }
}


/* ---------------交通信号灯主控制程序------------- */
void traffic()
{
    if(num1==0){
        count1++;
        if(count1==1){
            P1=0x42;                //东西红灯 5 s,南北黄灯 5 s
            num1=value2;
        }
        if(count1==2){
            num1=value3+value4; //东西绿灯 10 s,南北红灯 15 s
            P1=0x14;
        }
        if(count1==3){
            P1=0x41;                //东西黄灯 5 s,南北红灯 5 s
            num1=value4;
            count1=0;
        }
    }
    if(num2==0){
        count2+ + ;
        if(count2==1){
            P1=0x14;                //东西绿灯,南北红灯
            num2=value3;
        }
        if(count2==2){
            P1=0x24;                //东西黄灯,南北红灯
            num2=value4;
        }
        if(count2==3){
            num2=value1+value2; //东西红灯,南北绿灯
            num1=value1;
            count2=0;
        }
    }
```

```
        }
    }

/* ------------数码管显示子函数--------------- */
void display(uchar shi1,uchar ge1,uchar shi2,uchar ge2)
{
    uchar temp;
    temp=P2;
    P2=0xfe;
    P0=table[shi1];
    delay(5);

    P2=0xfd;
    P0=table[ge1];
    delay(5);

    P2=0xfb;
    P0=table[shi2];
    delay(5);

    P2=0xf7;
    P0=table[ge2];
    delay(5);
}

/* ------------软件延时子函数------------- */
void delay(uint x)
{
    uint i,j;
    for(i=x;i>0;i--)
        for(j=125;j>0;j--);
}
/* --------------4* 4矩阵键盘功能子函数-------------- */
void mkeys()
{
    uchar temp,key;
    P3=0xfe;                        //第1行线
    temp=P3;
    temp=temp&0xf0;                 //读取 P3 口线数据
    if(temp!=0xf0)                  //低电平判断
    {
        delay(10);                  //延时消抖
        temp=P3;
```

```
temp=temp&0xf0;                    //读取 P3 口线数据
if(temp!=0xf0){                    //低电平判断
    temp=P3;
    switch(temp)                   //读取按键号
    {
        case 0xee:                 //P3^0 线
            key=0;
            P2=P2&0xbf;
            break;
        case 0xde:
            key=1;
            break;
        case 0xbe:
            key=2;
            break;
        case 0x7e:
            key=3;
            break;
    }
while(temp!=0xf0)
{
    temp=P3;
    temp=temp&0xf0;
}
if(key==0){                        //按键 S1:第 1 次按下暂停,第 2 次按下取消暂停
    TR0=~TR0;                      //定时器取反
    flag1=~flag1;                  //南北能够设置标志,0 代表有效
    flag2=~flag2;                  //东西能够设置标志,0 代表有效
}

if(key==1&&flag1==0){              //按键 S2:设置时间按钮
    TR0=0;
    P1=0x44;                       //禁止东南西北车辆,全为红灯,可以设置
    shi1=ge1=shi2=ge2=16;          //东南西北数码管处于待定状态
}

if(key==2&&flag2==0){              //按键 S3:设置完成,重启
    TR0=1;
    num=0;                         //定时器初始化
    P1=0x41;                       //重新开始
    num1=value1;                   //南北数码管先显示绿灯倒计时
    num2=value2+ value1;           //东西红灯时间
    shi1=num1/10;
```

```
        ge1=num1%10;
        shi2=num2/10;
        ge2=num2%10;
    }

    if(key==3&&P1==0x44)              //按键 S4:测试交通信号灯各个设备
    {
        P1=0xff;
        delay(1000);
        P1=~P1;                        //4组共 12 个交通信号灯同时闪烁一次
        delay(1000);
        shi1=ge1=shi2=ge2=17;          //数码管全部点亮并保持
        P1=0x44;                       //禁止东南西北车辆,全为红灯,可以设置
    }
    }
}

P3=0xfd;                              //第 2 行线
temp=P3;
temp=temp&0xf0;
if(temp!=0xf0)
{
    delay(10);
    temp=P3;
    temp=temp&0xf0;
    if(temp!=0xf0){
        temp=P3;
        switch(temp)
        {
            case 0xed://P3^1 线
                key=0;
                break;
            case 0xdd:
                key=1;
                break;
            case 0xbd:
                key=2;
                break;
            case 0x7d:
                key=3;
                break;
        }
        while(temp!=0xf0)
        {
            temp=P3;
```

```
        temp=temp&0xf0;
    }

    if(key==0&&P1==0x44){        //按键 S5:设置南北绿灯时间+
        num1=value1;
        if(num2!=159){            //保证交通合理,红灯计时最大值为 159 s,绿灯不再增加
            num1++;
            value1=num1;
        }
        shi1=num1/10;
        ge1=num1%10;

        num2=value1+value2;    //显示东西红灯时间
        shi2=num2/10;
        ge2=num2%10;
    }
    if(key==1&&P1==0x44){        //按键 S6:设置南北黄灯时间+
        num1=value2;
        if(num2!=159){
            num1++;
            value2=num1;
        }

        shi1=num1/10;
        ge1=num1%10;
        num2=value1+value2;    //显示东西红灯时间
        shi2=num2/10;
        ge2=num2%10;

    }
    if(key==2&&P1==0x44&&value1>3){
//按键 S7:设置南北绿灯时间-,保证交通合理,绿灯计时最小值为 3 s,绿灯不再减少
        num1=value1;

        num1--;
        value1=num1;

        shi1=num1/10;
        ge1=num1%10;
        num2=value1+value2;    //显示东西红灯时间
        shi2=num2/10;
        ge2=num2%10;

    }
    if(key==3&&P1==0x44&&value2>3){        //按键 S8:设置南北黄灯时间-
```

```
        num1=value2;


        num1--;
        value2=num1;


        shi1=num1/10;
        ge1=num1%10;
        num2=value1+value2;              //显示东西红灯时间
        shi2=num2/10;
        ge2=num2%10;
    }
    }


}


P3=0xfb;                                 //第3行线
temp=P3;
temp=temp&0xf0;
if(temp!=0xf0)
{
    delay(10);
    temp=P3;
    temp=temp&0xf0;
    if(temp!=0xf0){
        temp=P3;
        switch(temp)
        {
            case 0xeb:                   //P3^2线
                key=0;
                break;
            case 0xdb:
                key=1;
                break;
            case 0xbb:
                key=2;
                break;
            case 0x7b:
                key=3;
                break;
        }
    while(temp!=0xf0)
    {
        temp=P3;
        temp=temp&0xf0;
    }
```

```
if(key==0&&P1==0x44){                    //按键 S9:设置东西绿灯时间+
    num2=value3;
    if(num1!=159){
        num2++;
        value3=num2;
    }

    shi2=num2/10;
    ge2=num2%10;

    num1=value3+value4;                  //显示南北红灯时间
    shi1=num1/10;
    ge1=num1%10;
}

if(key==1&&P1==0x44){                    //按键 S10:设置东西黄灯时间+
    num2=value4;
    if(num1!=159){
        num2++;
        value4=num2;
    }

    shi2=num2/10;
    ge2=num2%10;
    num1=value3+value4;                  //显示南北红灯时间
    shi1=num1/10;
    ge1=num1%10;

}
if(key==2&&P1==0x44&&value3>3){          //按键 S11:设置东西绿灯时间-
    num2=value3;
    num2--;
    value3=num2;

    shi2=num2/10;
    ge2=num2% 10;

    num1=value3+value4;                  //显示南北红灯时间
    shi1=num1/10;
    ge1=num1%10;

}
if(key==3&&P1==0x44&&value4>3){          //按键 S12:设置东西黄灯时间-
    num2=value4;
```

```
        num2--;
        value4=num2;

        shi2=num2/10;
        ge2=num2%10;
        num1=value3+value4;                 //显示南北红灯时间
        shi1=num1/10;
        ge1=num1%10;

        }
        }

    }

P3=0xf7;                                    //第 4 行线
temp=P3;
temp=temp&0xf0;
if(temp!=0xf0)
{
    delay(10);
    temp=P3;
    temp=temp&0xf0;
    if(temp!=0xf0){
        temp=P3;
        switch(temp)
        {
            case 0xe7:                      //P3^3 线
                key=0;
                P2=P2&0xdf;
                break;
            case 0xd7:
                key=1;
                P2=P2&0xef;
                break;
            case 0xb7:
                key=2;
                break;
            case 0x77:
                key=3;
                break;
        }
    while(temp!=0xf0)
    {
        temp=P3;
        temp=temp&0xf0;
```

```
            }
        if(key==0&&P1==0x44)
        {           //按键 S13:南北紧急情况,即南北绿灯常亮,东西红灯常亮
            P1=0x41;
            shi1=ge1=shi2=ge2=18;
        }
                if(key==1&&P1==0x44)
        {           //按键 S14:东西紧急情况,即东西绿灯常亮,南北红灯常亮
            P1=0x14;
            shi1=ge1=shi2=ge2=18;
        }
        if(key==2&&P1==0x44){   //按键 S15,无实际控制功能,可在后续扩展中使用
        }
        if(key==3&&P1==0x44){   //按键 S16,无实际控制功能,可在后续扩展中使用
        }
        }
    }
}
/* -----------定时器 T0 中断服务子程序----------- */
void T0_time() interrupt 1
{
    TH0= (65536-50000)/256;                //重载计数初值高 8 位,12 MHz,定时 50 ms
    TL0= (65536-50000)%256;                //重载计数初值低 8 位,12 MHz,定时 50 ms
    num++;                                 //50 ms 计数变量,当 num=20 时,1 s 时间到
}
```

5.5　系统仿真及调试

5.5.1　状态一(正常模式 1)

单击"运行"按钮,系统开始运行,默认状态南北方向为绿灯,允许通行;东西方向为红灯,禁止通行,倒计时 15 s。状态一的仿真图如图 5-9 所示。

5.5.2　状态二(正常模式 2)

紧接着南北方向由绿灯转为黄灯,表示禁止通行,但已越过停止线的车辆可以继续通行;东西方向仍为红灯,表示禁止通行,倒计时 5 s。状态二的仿真图如图 5-10 所示。

5.5.3　状态三(正常模式 3)

此时东西方向红灯倒计时达 20 s,南北方向和东西方向交通信号灯颜色实现第一次交替,即东西方向由红灯转为绿灯,南北方向由黄灯转为红灯,倒计时 10 s。状态三的仿真图如图 5-11 所示。

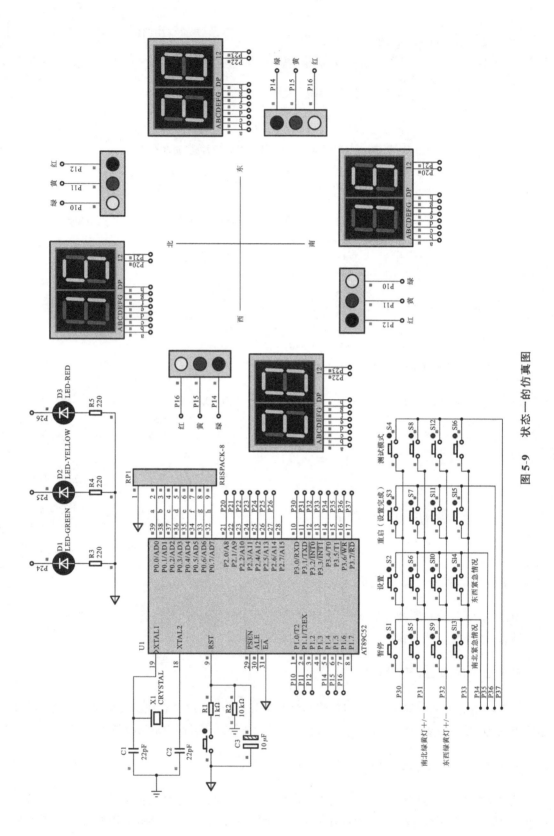

图5-9 状态一的仿真图

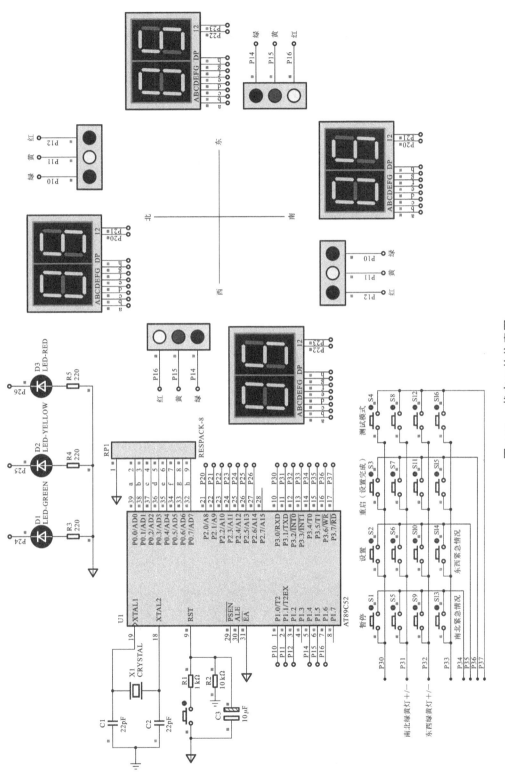

图 5-10 状态二的仿真图

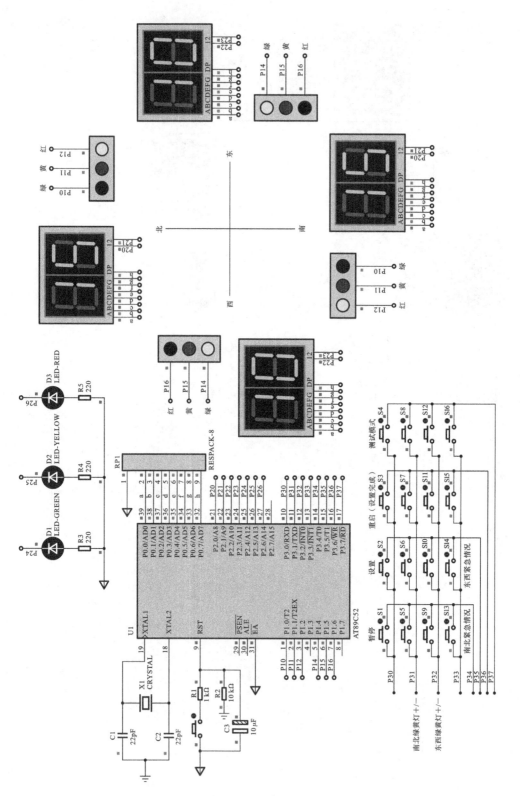

图 5-11　状态三的仿真图

5.5.4 状态四(正常模式 4)

10 s 时间到时,东西方向由绿灯转为黄灯,表示禁止通行,但已越过停止线的车辆可以继续通行;南北方向仍为红灯,表示禁止通行,倒计时 5 s。状态四的仿真图如图 5-12 所示。

5 s 时间到时,系统又重新进入默认状态,按照以上 4 个步骤,循环运行下去。

5.5.5 状态五(暂停模式)

单击"运行"按钮,系统正常运行,按下按键 S1,进入暂停模式。此时南北方向和东西方向保持当前状态,LED 数码管倒计时显示暂停。当再次按下按键 S1 后,系统退出暂停模式。暂停模式的仿真图如图 5-13 所示。

5.5.6 状态六(设置模式)

当系统正常运行时,按下按键 S2,进入设置模式。此时,东西南北 4 组交通信号灯的红灯保持常亮状态,LED 数码管进入设置状态。设置模式的仿真图如图 5-14 所示。设置方法可参考第 5.3.4 节中按键功能的介绍,此处不再赘述。

需要注意的是,按键 S5、S7 和按键 S6、S8 分别为南北方向绿灯和黄灯时间加/减键,按键 S9、S11 和按键 S10、S12 分别为东西方向绿灯和黄灯时间加/减键,以上 8 个按键必须在按下按键 S2 之后才起作用,而且重置的倒计时时间必须在按下按键 S3 后才生效。

5.5.7 状态七(测试模式)

按下按键 S2,再下按键 S4,进入测试模式。该模式下,4 组(共 12 个)交通信号灯同时闪烁一次,4 组(共 8 个)LED 数码管全部保持常亮状态,以此来测试和判断交通信号灯和 LED 数码管工作状态是否正常。测试模式的仿真图如图 5-15 所示。

需要注意的是,必须按下"设置"按键后,才能使用"测试"按键来测试交通设备。

5.5.8 状态八(南北方向紧急制动模式)

按下按键 S2,再按下按键 S13,进入南北方向紧急制动模式。该模式下,南北方向绿灯保持常亮状态,东西方向红灯保持常亮状态,LED 数码管不显示倒计时。南北方向紧急制动模式的仿真图如图 5-16 所示。

如果需要启用南北紧急制动模式,也必须先按下"设置"按键 S2,南北紧急制动按键 S13 才有效,而且南北紧急制动和东西紧急制动不能同时实现,必须分别操作。

5.5.9 状态九(东西方向紧急制动模式)

按下按键 S2,再按下按键 S14,进入东西方向紧急制动模式。该模式下,东西方向绿灯保持常亮状态,南北方向红灯保持常亮状态,LED 数码管不显示倒计时。东西方向紧急制动模式的仿真图如图 5-17 所示。

与南北紧急制动按键相同的是,如果需要启用东西紧急制动模式,也必须先按下"设置"按键 S2,东西紧急制动按键 S14 才有效。

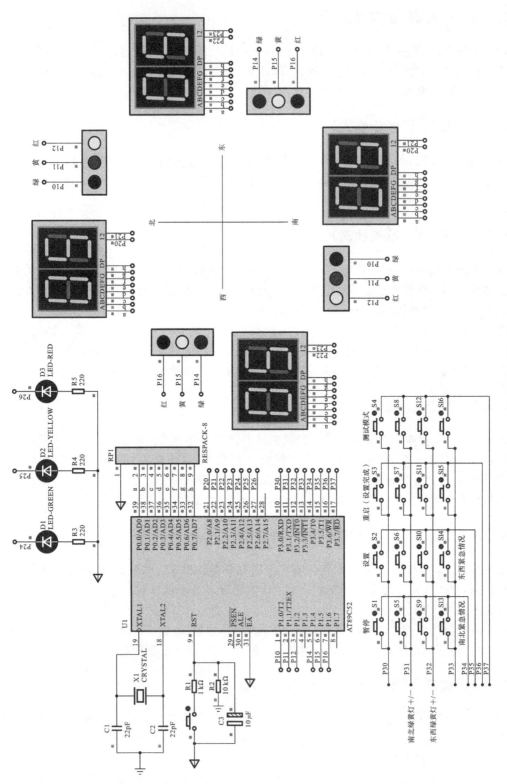

图 5-12 状态四的仿真图

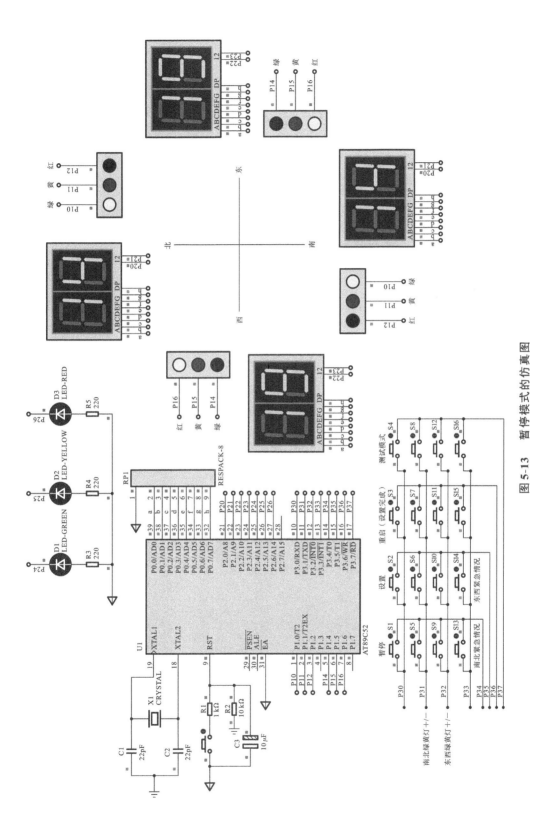

图5-13 暂停模式的仿真图

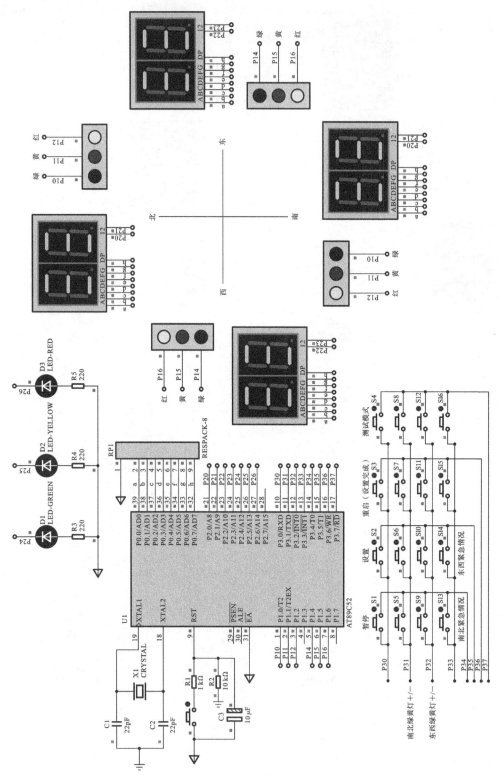

图 5-14　设置模式的仿真图

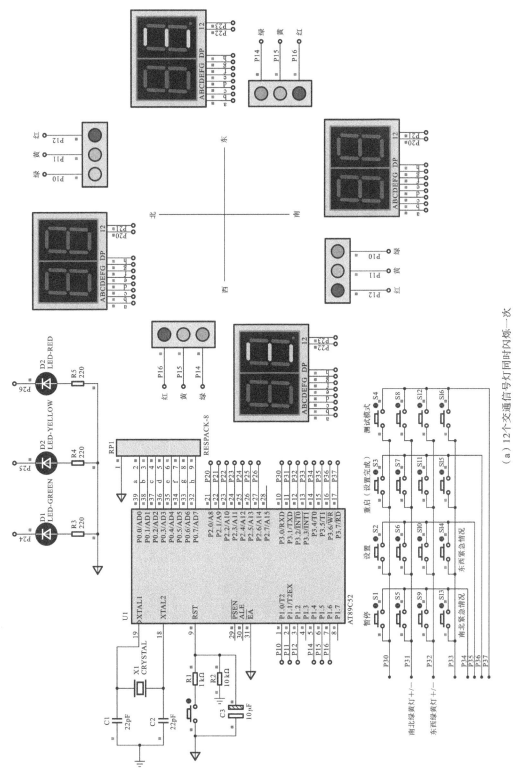

（a）12个交通信号灯同时闪烁一次

图 5-15　测试模式的仿真图

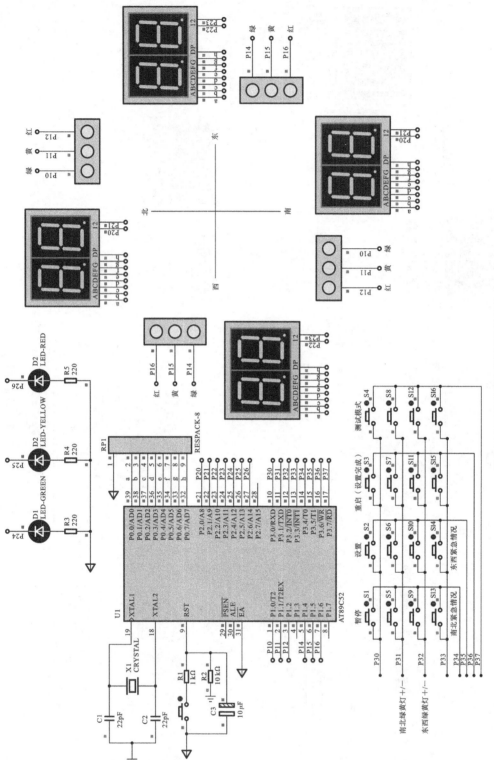

（b）8个LED数码管全部保持常亮状态

续图 5-15

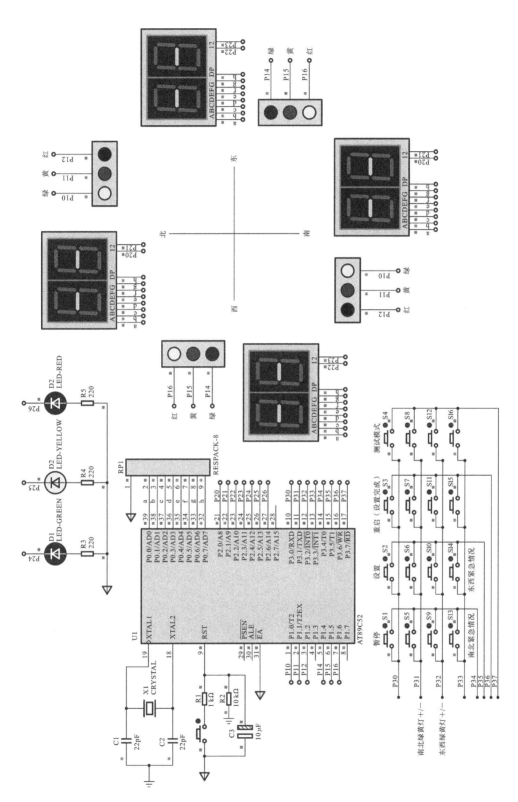

图 5-16 南北方向紧急制动模式的仿真图

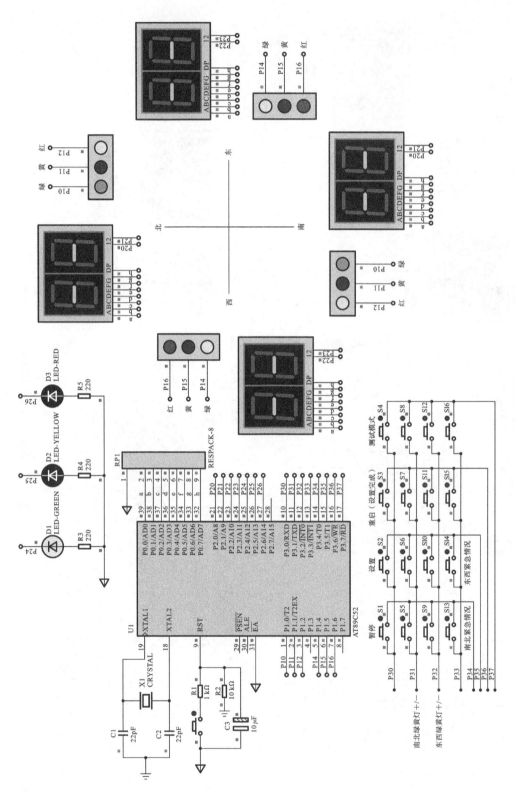

图 5-17　东方向西紧急制动模式的仿真图

小贴示

交通信号灯的起源可以追溯到 19 世纪中期。最早的交通信号灯是由英国人约翰·皮克·奈特于 1868 年发明的，他在伦敦市中心的一条繁忙街道上安装了一个机械式的信号灯，用来指示行人和车辆何时可以通过。

随着汽车的普及和城市化进程的加速，交通信号灯开始得到广泛应用。20 世纪初期，美国、欧洲和亚洲各地相继出现了不同类型的交通信号灯。最初的信号灯使用手动操作或机械控制，后来逐渐发展成为电气控制。

20 世纪 50 年代以后，随着计算机技术和电子技术的不断发展，交通信号灯开始采用数字化控制系统，实现更加精确、高效、智能化的管理。如今，在全球范围内都有各种各样先进的交通信号灯系统在运行，并且在不断地改进和升级以适应城市交通管理的需求。

以下是一些常见的交通规则口诀。

平安出行第一条，交通规则要记牢。

红绿黄灯是命令，标志标线要看清。

红灯停，绿灯行，黄灯亮起等一等。

一慢二看三通过，莫与车辆去抢道。

双手握好方向盘，遵守交规不违反。

守停三分为安全，礼让三先保平安。

遵守交通法规是美德！

第6章　简易电子琴的设计

6.1　项目要求

设计一个简易电子琴,要求实现以下基本功能。

(1) 能够实现"do,re,mi,fa,so,la,si"7 个音符的低、中、高音阶。

(2) 利用定时器产生其中 16 个音阶信号。

(3) 实现 4×4 矩阵键盘每一个按键按下发出一个音阶信号。

6.2　方案论证

简易电子琴用 4×4 矩阵键盘组成 16 个音阶对应的琴键,由 AT89C52 单片机的 P3 口控制。单片机通电后对系统进行初始化,接着开始扫描键盘,4×4 矩阵键盘采用列扫描方式扫描。列线为 P3.0、P3.1、P3.2、P3.3,行线为 P3.4、P3.5、P3.6、P3.7。若有键被按下,则对应音阶发出声音。

核心器件可采用 AT89C52 单片机,与晶振电路、复位电路和电源电路组建为单片机最小系统。单片机最小系统与电子琴键盘电路、蜂鸣器发声电路共同构成简易电子琴系统。利用该简易电子琴可以弹奏曲目。简易电子琴系统结构框图如图 6-1 所示。

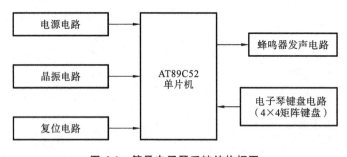

图 6-1　简易电子琴系统结构框图

6.3　系统硬件电路设计

简易电子琴硬件电路由主控电路(单片机最小系统)、电子琴键盘电路和蜂鸣器发声电路三部分组成。简易电子琴电路原理图如图 6-2 所示。

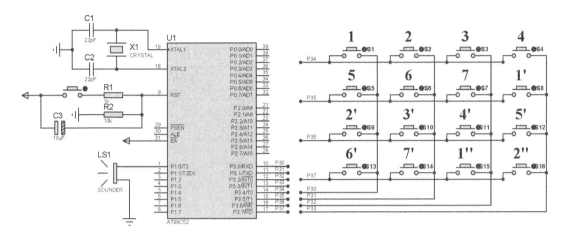

图 6-2 简易电子琴电路原理图

6.3.1 主控电路

简易电子琴的单片机最小系统与第 5 章所述的单片机最小系统(图 5-3)相同,在此不再赘述。

6.3.2 电子琴键盘电路

电子琴系统共设置 16 个按键,分别对应"do,re,mi,fa,so,la,si"7 个音符的低、中、高音阶,共计 16 个音阶。本系统采用阵列式键盘设计,如图 6-3 所示。

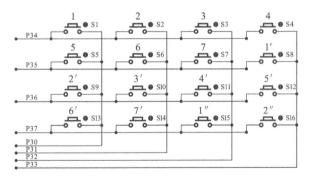

图 6-3 电子琴键盘电路

通过产生不同频率的音频脉冲信号即能产生不同的音调。对于单片机而言,可以利用定时器/计数器产生不同频率的方波信号。那么,首先需要弄清楚音乐中的音符和音符对应的频率,以及音符与单片机定时/计数的关系。

在本章中,单片机工作于 12 MHz 的时钟频率下,设置定时器 T0 为工作方式 1,改变计数值 TH0 和 TL0 便可产生不同频率的脉冲信号,在此情况下,C 调的各音符频率与定时器初值的对照如表 6-1 所示。

定时器初值决定了 TH0 和 TL0 的值,其关系为:TH0=T/256,TL0=T%256。

工作原理:当矩阵键盘有键被按下时,读取相应按键的键值,在音阶数组中读出音阶频率,定时器 T0 中断使得 P1.0 产生该频率的音调。

表 6-1 音符频率与定时器初值的对照表

音符	频率/Hz	定时器初(T0)	音符	频率/Hz	定时器初值(T0)
低 1DO	262	63628	#4FA#	740	64860
#1DO#	277	63737	中 5SO	784	64898
低 2RE	294	63835	#5SO#	831	94934
#2RE#	311	63928	中 6LA	880	64968
低 3MI	330	64021	#6LA#	932	64994
低 4FA	349	64103	中 7SI	968	65030
#4FA#	370	64185	低 1DO	1046	65058
低 SO	392	64260	#1DO#	1109	65085
#5SO#	415	64331	高 2RE	1175	65110
低 6LA	440	64400	#2RE#	1245	65134
#6LA#	466	64463	高 3MI	1318	65157
低 7SI	494	64524	高 4FA	1397	65178
中 1DO	523	64580	#4FA#	1490	65198
#1DO#	554	64633	高 5SO	1568	65217
中 2RE	587	64633	#5SO#	1661	65235
#2RE#	622	64884	高 6LA	1760	65252
中 3MI	659	64732	#6LA#	1865	65268
中 4FA	698	64820	高 7SI	1967	65283

6.3.3 蜂鸣器发声电路

蜂鸣器发声模块示意图如图 6-4 所示,本系统采用 Proteus 软件元件库中的"SOUNDER (蜂鸣器)"元件作为发声模块,以实现声音的播放。声音是由振动产生的,一定频率的振动就会产生一定频率的声音。

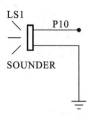

图 6-4 蜂鸣器发声模块示意图

6.4 系统软件设计

本系统软件设计关键是要实现一种由单片机控制的简易电子琴,它有由 16 个音阶组成的键盘,用户可以根据乐谱在键盘上进行弹奏,音乐发生器会根据用户的弹奏,通过蜂鸣器将音乐播放出来。

6.4.1 主程序设计流程图

程序开始时,首先进行系统初始化,设置定时器 T0 为工作方式 1,开 T0 中断,开总中断。然后进行按键扫描,判断矩阵键盘是否有键被按下,消抖后再次判断。最后,若有键被按下,则蜂鸣器发出相应按键的音阶音调;若无键被按下,则返回重新扫描按键。其主程序流程图如图6-5 所示。

6.4.2 矩阵键盘扫描流程图

判断键盘有无键被按下,使用扫描法进行识别。采用扫描法识别键盘有无键被按下,一般分为两步:第一步,判断键盘有无键被按下;第二步,若有键被按下,则识别出具体的键位。矩阵键盘扫描流程图如图 6-6 所示。

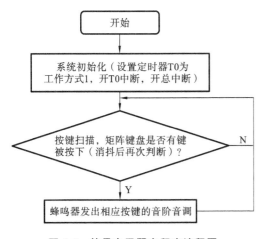

图 6-5　简易电子琴主程序流程图

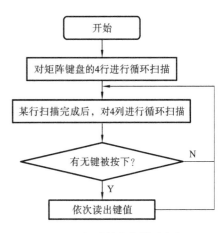

图 6-6　矩阵键盘扫描流程图

6.4.3 程序清单

程序清单运行示例,请扫描右侧二维码。

```
#include<reg51.h>           //头文件
#include<intrins.h>         //头文件
#define uchar unsigned char //预处理
#define uint unsigned int   //预处理
```

```
sbit P1_0=P1^0;                    //位定义蜂鸣器引脚
sbit P3_0=P3^0;                    //位定义 4×4 矩阵键盘第 1 列引脚
sbit P3_1=P3^1;                    //位定义 4×4 矩阵键盘第 2 列引脚
sbit P3_2=P3^2;                    //位定义 4×4 矩阵键盘第 3 列引脚
sbit P3_3=P3^3;                    //位定义 4×4 矩阵键盘第 4 列引脚
sbit P3_4=P3^4;                    //位定义 4×4 矩阵键盘第 1 行引脚
sbit P3_5=P3^5;                    //位定义 4×4 矩阵键盘第 2 行引脚
sbit P3_6=P3^6;                    //位定义 4×4 矩阵键盘第 3 行引脚
sbit P3_7=P3^7;                    //位定义 4×4 矩阵键盘第 4 行引脚

uchar temp;                        //定义按键状态变量,为 8 位二进制,用 0xXX 表示。
uchar key;                         //定义键值变量,取值范围为 0～15
uchar i,j;                         //定义延时变量
uchar STH0;                        //定义变量,用于音符频率对应的定时器计数值高 8 位
uchar STL0;                        //定义变量,用于音符频率对应的定时器计数值低 8 位

uint code tab[]=                   //音符表
{64021,64103,64260,64400,
64524,64580,64684,64777,
64820,64898,64968,65030,
65058,65110,65157,65178};

uchar tab1[]={                     //音符节拍表
    0x82,0x01,0x81,0x94,0x84,0xB4,0xA4,0x04,
    0x82,0x01,0x81,0x94,0x84,0xC4,0xB4,0x04,
    0x82,0x01,0x81,0xF4,0xD4,0xB4,0xA4,0x94,
    0xE2,0x01,0xE1,0xD4,0xB4,0xC4,0xB4,0x04,
    0x82,0x01,0x81,0x94,0x84,0xB4,0xA4,0x04,
    0x82,0x01,0x81,0x94,0x84,0xC4,0xB4,0x04,
    0x82,0x01,0x81,0xF4,0xD4,0xB4,0xA4,0x94,
    0xE2,0x01,0xE1,0xD4,0xB4,0xC4,0xB4,0x04,
    0x00};

uchar tab2[]={                     //音符频率对应的定时器初值表
    //64260,64400,64521,64580,
    0xfb,0x04,0xfb,0x90,0xfc,0x09,0xfc,0x44,
    //64684,64777,64820,64898,
    0xfc,0xac,0xfd,0x09,0xfd,0x34,0xfd,0x82,
    //64968,65030,65058,65110,
    0xfd,0xc8,0xfe,0x06,0xfe,0x22,0xfe,0x56,
    //65157,65178,65217
    0xfe,0x85,0xfe,0x9a,0xfe,0xc1
    };

/* ------------主函数------------- */
```

```
void main(void)
{
    TMOD=0x01;
    ET0=1;
    EA=1;
    while(1)
    {
        P3=0xff;
        P3_4=0;
        temp=P3;
        temp=temp & 0x0f;
        if (temp!=0x0f) {           //从第1行开始扫描键盘
            for(i=50;i>0;i--)       //延时
            for(j=200;j>0;j--);
            temp=P3;
            temp=temp & 0x0f;
            if (temp!=0x0f){
                temp=P3;
                temp=temp & 0x0f;
                switch(temp){       //读取按键状态值
                    case 0x0e:
                        key=0;
                        break;
                    case 0x0d:
                        key=1;
                        break;
                    case 0x0b:
                        key=2;
                        break;
                    case 0x07:
                        key=3;
                        break;
                }
                temp=P3;
                P1_0=~P1_0;
                STH0=tab[key]/256;   //计算音符频率对应的定时器计数值
                STL0=tab[key]%256;
                TR0=1;
                temp=temp&0x0f;
                while(temp!=0x0f){
                    temp=P3;
                    temp=temp&0x0f;
                }
            TR0=0;
            }
```

```
    }

    P3=0xff;
    P3_5=0;
    temp=P3;
    temp=temp&0x0f;
    if (temp!=0x0f){            //扫描键盘第2行
    for(i=50;i>0;i--)           //延时
        for(j=200;j>0;j--);
        temp=P3;
        temp=temp&0x0f;
        if (temp!=0x0f){
            temp=P3;
            temp=temp & 0x0f;
            switch(temp){
                case 0x0e:
                    key=4;
                    break;
                case 0x0d:
                    key=5;
                    break;
                case 0x0b:
                    key=6;
                    break;
                case 0x07:
                    key=7;
                    break;
            }
            temp=P3;
            P1_0=~P1_0;
            STH0=tab[key]/256;
            STL0=tab[key]%256;
            TR0=1;
            temp=temp&0x0f;
            while(temp!=0x0f){
                temp=P3;
                temp=temp&0x0f;
            }
            TR0=0;
        }
    }

    P3=0xff;
    P3_6=0;
    temp=P3;
```

```
temp=temp&0x0f;
if (temp!=0x0f){                    //扫描键盘第 3 行
    for(i=50;i>0;i--)               //延时
    for(j=200;j>0;j--);
    temp=P3;
    temp=temp&0x0f;
    if (temp!=0x0f){
        temp=P3;
        temp=temp&0x0f;
        switch(temp){
            case 0x0e:
                key=8;
                break;
            case 0x0d:
                key=9;
                break;
            case 0x0b:
                key=10;
                break;
            case 0x07:
                key=11;
                break;
        }
        temp=P3;
        P1_0=~P1_0;
        STH0=tab[key]/256;
        STL0=tab[key]%256;
        TR0=1;
        temp=temp&0x0f;
        while(temp!=0x0f){
            temp=P3;
            temp=temp&0x0f;
        }
        TR0=0;
    }
}

P3=0xff;
P3_7=0;
temp=P3;
temp=temp&0x0f;
if (temp!=0x0f){                    //扫描键盘第 4 行
    for(i=50;i>0;i--)               //延时
    for(j=200;j>0;j--);
    temp=P3;
    temp=temp&0x0f;
```

```
            if (temp!=0x0f){
                temp=P3;
                temp=temp&0x0f;
                switch(temp){
                    case 0x0e:
                        key=12;
                        break;
                    case 0x0d:
                        key=13;
                        break;
                    case 0x0b:
                        key=14;
                        break;
                    case 0x07:
                        key=15;
                        break;
                }
                temp=P3;
                P1_0=～P1_0;
                STH0=tab[key]/256;
                STL0=tab[key]%256;
                TR0=1;
                temp=temp&0x0f;
                while(temp!=0x0f){
                    temp=P3;
                    temp=temp&0x0f;
                }
                TR0=0;
            }
        }
    }
}
/* --------------定时器T0中断服务子函数----------- */
void t0(void) interrupt 1 using 0
{
    TH0=STH0;
    TL0=STL0;
    P1_0=～P1_0;                      //产生方波
}
```

6.5 系统仿真及调试

　　键盘扫描的仿真图如图6-7所示,图中描述的是第1行第1列的"do"(S1键)被按下时的状态。键盘扫描的基本思想是,先把某一行置为低电平,其余各行置为高电平,检查各列线电平的变化,如果某列线电平由高电平变为低电平,则可确定此行此列交叉点处的键被按下。

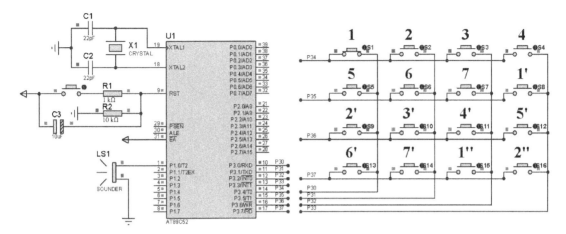

图 6-7　键盘扫描的仿真

小贴示

电子琴是一种键盘乐器,又称电子键盘,属于电子乐器,发音音量可以自由调节。音域较宽,和声丰富,甚至可以演奏出管弦乐队的演奏效果,表现力极其丰富,可模仿多种音色,可以演奏出常规乐器所无法发出的声音(如合唱声、风雨声等)。当使用电子琴独奏时,还可以随意配上类似打击乐音效的节拍伴奏,适合演奏节奏性较强的现代音乐。

世界上第一台电子琴诞生于 20 世纪,由美国发明家赛地斯·加希尔发明。它的体积虽然过于庞大,但在电子琴的发展过程中开辟了电子乐发展的先河。1907 年,美国人 T·卡西尔利用电磁线圈可以产生不同高度声音的原理制作了一台电风琴。1920 年,苏联人利昂特里尔发明了"空中电琴"。1935 年,德国的 E.韦尔特、W.法斯和管风琴制作家 K.曼伯格共同开发了"利希特风琴",这种琴仍然庞大,要两间房才能放得下。1939 年,美国的"艾伦电风琴"上市,由于这种琴相比以前的琴体积小了很多,所以在市场上很受欢迎,这也是现代电子琴的前身。20 世纪 50 年代,日本从美国进口电子琴,而雅马哈(YAMAHA)株式会社在 1959 年生产了世界上第一台立式电子琴"伊莱克通"。在长达近一个世纪的发展中,电子琴的各项功能日趋完善,由笨拙庞大、音色单一的乐器逐渐发展成为轻巧便携、音色丰富的大众化乐器。到 20 世纪 70 年代,国外已有几百所大学将电子乐器(包括双排键电子琴)教学列入正式课程。

我国台湾地区对双排键电子琴的接触比较早,认知度比较高,发展也较快,内陆地区起步相对较晚。1990 年,沈阳音乐学院率先开办了双排键本科专业,代表人物有著名器乐演唱组合玖月奇迹的王小玮(中国第一位双排键艺术硕士)。目前我国有三家音乐学院(中央音乐学院、上海音乐学院、天津音乐学院)定期举办双排键电子琴考试。我国公民直接或间接接触电子琴的人数大约有 2 亿人。

第7章　抢答器的设计

7.1　项目要求

设计一个多路定时抢答器,要求实现以下基本功能。

(1) 能够控制抢答开始与结束,并指示抢答开始与结束状态。

(2) 选手能够一键抢答,并显示抢到答题资格的选手号码,选手人数至少为8位。

(3) 能够进行抢答倒计时以及答题计时,并显示时间。

(4) 能够实现超时指示。

7.2　方案论证

　　抢答器的实现主要涉及开始答题的控制、抢答的方案、状态的指示、倒计时时间和答题选手号码的显示。首先,倒计时时间与答题选手号码的显示可使用液晶屏或者数码管来实现,倒计时时间30 s,抢答人数为8个人,则一共需要显示3位数,使用数码管比较简便。一般选用七段数码管显示器,其应用简单、可靠性高、成本低,可用于显示输出。由于有3位数字需要显示,可使用一个2位数码管与一个1位数码管,但考虑到美观性与实用性,直接使用一个4位数码管更佳。数码管可使用静态或者动态显示,很明显,动态显示能够满足本设计的需求。段选信号与位选信号可由单片机的I/O口直接提供,或者使用锁存器间接获得。只要单片机的驱动电流足够,就可以直接控制数码管,但这样会占用较多的单片机端口,因此在此设计中不这样做,而用锁存器既能节约单片机端口,又能增加驱动电流,所以选择使用锁存器驱动数码管,这样也可简化软件编程。状态指示包括显示当前处于竞赛的哪个环节,以及哪位选手抢答成功等提示,可选用蜂鸣器、发光二极管等来指示。发光二极管更能持续、鲜明地指示当前状态,因此选择使用发光二极管来指示当前状态。答题环节指示与选手选择指示可选用不同颜色的指示灯。抢答开始或结束的开关,以及选手抢答设备均可使用按键,这样比较简单方便。整个方案中使用了较多的I/O口,并且系统的逻辑比较复杂,整个系统的软件设计可采用查询的方式,由各函数完成各自的功能。由于有两次倒计时的需要,因此中间可根据需要使用中断,并设置中断服务程序完善系统的功能。

　　综上所述,本设计采用单片机最小系统,以程序查询方式,动态显示组号。在应用场景中,由主持人控制抢答开关模块,按下开始键之后开始抢答。选手使用抢答按键进行抢答,显示模块显示抢答阶段倒计时时间以及抢答成功的选手号码,并可以显示选手答题时间,在此过程中,状态指示模块的指示灯对比赛阶段以及抢答成功的选手进行指示。主持人按下复位键便可重新进入准备阶段。抢答器的电路结构框图如图 7-1 所示。

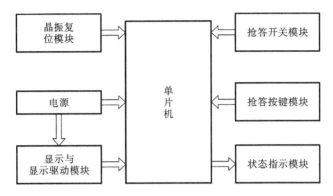

图 7-1 抢答器的电路结构框图

7.3 系统硬件电路设计

抢答器硬件电路由单片机最小系统、抢答开关电路、抢答按键电路、状态指示电路、显示与显示驱动电路组成。抢答器的电路原理图如图 7-2 所示。

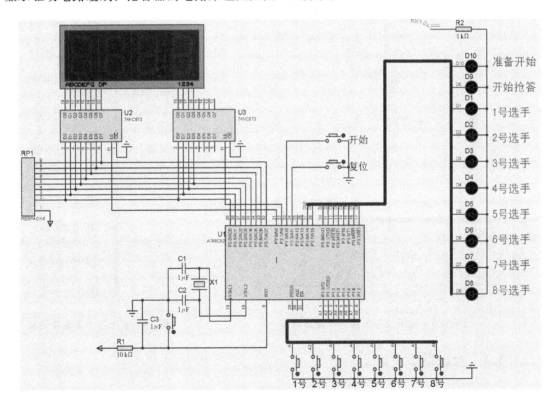

图 7-2 抢答器的电路原理图

7.3.1 单片机最小系统电路

采用 AT89C52 单片机或其兼容系列芯片,晶振的频率为 12 MHz,提供给 AT89C52 单片机时钟脉冲使其工作。复位电路使单片机初始化,重新开始执行程序。当复位按键被按下,RST 由低电平变为高电平时,则程序从头开始执行。在此次课程设计中,当一个问题结束时,主持人按下复位按键后,便可准备下一题。

7.3.2 抢答开关电路

抢答开关电路由两个按键组成,分别接 AT89C52 单片机 P2 口的 P2.2 和 P2.3 引脚。当主持人按下对应的按键时,即给对应的引脚一个低电平。在软件设计的程序中写入相应的操作程序,即可实现开始和复位的功能。

7.3.3 抢答按键电路

抢答按键电路由 8 个按键组成,按键一端接地,一端连接 AT89C52 单片机的 P1 口。当答题选手按下对应的按键时,即给对应的引脚一个低电平。抢答按键电路的电路原理图如图 7-3 所示。

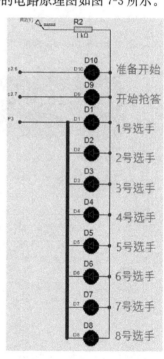

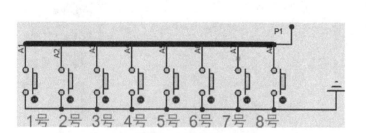

图 7-3　抢答按键电路的电路原理图　　　　图 7-4　状态指示电路原理图

7.3.4 状态指示电路

状态指示模块由 10 个 LED 灯组成,用来指示准备开始、开始抢答和答题选手。代表"准备开始"的黄色指示灯和代表"开始抢答"的绿色指示灯分别连接单片机的 P2.6、P2.7 引脚,代表答题选手的红色指示灯连接单片机的 P3 口。状态指示电路原理图如图 7-4 所示。

7.3.5 显示与显示驱动电路

在应用场景中,还需显示抢答倒计时时间、答题倒计时时间以及抢答选手的号码等信息,这部分由显示与显示驱动电路完成。本设计中,显示与显示驱动模块使用 7SEG-MPX4-CC 四位共阴极七段数码管显示器以及 2 片 74HC573 芯片。

7SEG-MPX4-CC 数码管显示器采用动态显示。通过分时轮流控制各个数码管的选通控制端,使各个数码管轮流受控显示,如图 7-5 所示。显示程序利用 P0 口经一片 74HC573 芯片的八位输出作为段选信号,由 P0 口的 P0.0~P0.3 引脚经另一片 74HC573 芯片提供 4 个位选信号。低电平则能驱动数码管使其显示数字。

74HC573 芯片是拥有八路输出的透明锁存器,其输出为三态门,是一种高性能的硅栅 CMOS 器件,可以直接让单片机的 I/O 口复用。74HC573 芯片引脚图如图 7-6 所示。74HC573 的 8 个锁存器都是透明的 D 锁存器,1 号引脚 $\overline{OE}$ 为输出使能端,它是一个低电平有效的引脚,11 号引脚 LE 为锁存使能端。当使能为高电平时,Q 的输出将随数据 D 的输入而变化。当使能为低电平时,输出将锁存在已建立的数据电平上。输出控制不影响锁存器的内部工作,即老数据可以保持,甚至当输出被关闭时,新的数据也可以置入。这种电路可以驱动大电容或低阻抗负载,可以直接与系统总线接口并驱动总线,而不需要外接口。该芯片特别适用于缓冲寄存器、I/O 通道、双向总线驱动器和工作寄存器。当输入的数据消失时,在芯片的输出端,数据仍然保持不变。

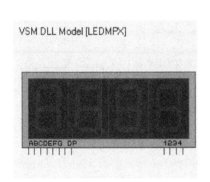

图 7-5　7SEG-MPX4-CC 四位共阴极七段数码管显示器

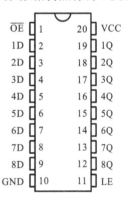

图 7-6　74HC573 芯片引脚图

本设计中,2 片 74HC573 的使能端直接接地,持续在工作状态。锁存使能端分别连接 P2 口的 P2.0 和 P2.1 引脚,利用程序控制 2 片 74HC573 芯片的分时工作状态。

7.4　系统软件设计

抢答器软件设计的主要功能是向数码管显示器提供显示数据、采集按键信号和产生各种控制信号,使数码管显示器能够正常显示数据,以及把按键信号转化为状态指示信号,从而控制指示灯的亮与灭。以上功能均在主程序中完成,并使用两个中断服务程序来处理倒计时结束之后的系统状态。

7.4.1 系统主程序

系统主程序开始以后,需要对系统环境进行初始化,包括设置串口、定时器、中断和端口。进入主程序之后,首先进行键盘扫描,检测主持人的"开始抢答"按键以及"复位"按键的状态。如果没有任何动作,则数码管与状态指示灯设置为初始状态;如果"开始抢答"按键按下,则为定时器0设置初值,并开启定时器0。开始抢答倒计时,从30 s到0 s倒数,并设置状态指示灯。然后开始检测是否有选手按下按键,如果30 s内没有选手按下按键,则判断是否继续比赛,并回到键盘扫描;如果30 s内有选手按下按键,则在数码管上显示其号码并关闭定时器0,停止抢答倒计时,为定时器1设置初值,并开启定时器1。最后进行答题时间计时,从0 s到60 s顺数。若时间到了,答题未完成,则停止计时,再次设置状态指示灯;若按时答题完毕,则由主持人按"复位"键,回到按键扫描状态。抢答器系统程序流程图如图7-7所示。

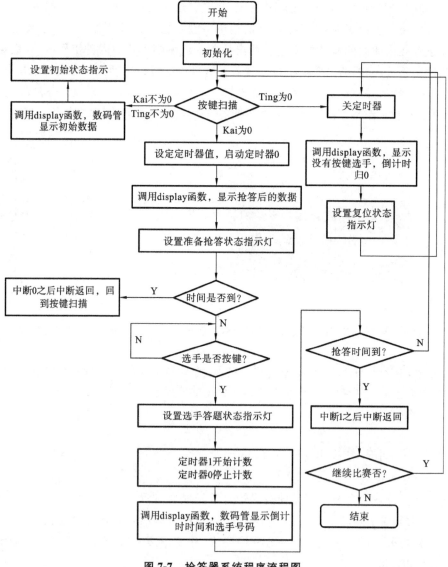

图 7-7 抢答器系统程序流程图

7.4.2 程序清单

程序清单运行示例,请扫描右侧二维码。

```c
#include<reg52.h>              //头文件
#include<keyscan.h>           //头文件
#include<display.h>           //头文件
sbit kai=P2^2;                //位定义开始按键
sbit ting=P2^3;               //位定义复位按键
sbit hao1=P1^0;               //位定义1号选手按键
sbit hao2=P1^1;               //位定义2号选手按键
sbit hao3=P1^2;               //位定义3号选手按键
sbit hao4=P1^3;               //位定义4号选手按键
sbit hao5=P1^4;               //位定义5号选手按键
sbit hao6=P1^5;               //位定义6号选手按键
sbit hao7=P1^6;               //位定义7号选手按键
sbit hao8=P1^7;               //位定义8号选手按键
sbit wela=P2^1;              //定义位选
sbit dela=P2^0;              //定义断选
sbit P2_6=P2^6;              //定义抢答开始灯
sbit P2_7=P2^7;              //定义复位按键灯
uchar a,a1,num,shi,ge,hao,
num1,flag1,flag2,flag3,flag4,
flag5,flag6,flag7,flag8,flag9,temp;              //定义变量
void display(uchar hao,uchar aa,uchar shi,uchar ge);//显示函数
void init();                //初始化函数
void delay(uint z);         //延时函数
void keyscan();             //键盘扫描函数

/*-----------------初始化------------- */
void init()
{
    TMOD=0X11;              //定义定时器工作方式:定时器1的方式1,定时0的方式0
    TH0=(65536-50000)/256;  //装初值
    TL0=(65536-50000)%256;
    EA=1;                   //开总中断
    ET0=1;                  //开定时器0中断
    TH1=(65536-50000)/256;
    TL1=(65536-50000)%256;
    ET1=1;                  //开定时器1中断
    num=30;
    num1=0;
    a1=0;
    a=0;
    //hao=0;
```

```
        shi=3;
        ge=0;
        flag1=0;
        P2_6=0;
    }


/*----------------主函数---------------- */
void main()
{
    init();
    while(1)
    {
        keyscan();
        if(flag1==1)
        {
            display(hao,10,shi,ge);    //显示抢答后的数据
        }
        else
        {
            display(hao,10,0,0);        //显示初始和复位数据
        }
    }

}


/*---------------定时器中断--------------- */
void timer0() interrupt 1
{
    TH0= (65536-50000)/256;
    TL0= (65536-50000)%256;
    a++;
    if(a==18)
    {
        a=0;
        num--;
        if(num==0)
        {
            num=0;
            TR0=0;

        }
        shi=num/10;
        ge=num%10;
    }
}
```

```
/*-----------------定时器中断--------------- */
void timer1() interrupt 3
{
    TH1=(65536-50000)/256;
    TL1=(65536-50000)%256;
    a1++;
    if(a1==18)
    {
        a1=0;
        num1++;
        if(num1==60)
        {
        P3=0xff;                        //将 I/O 口置于输入状态(高电平)
        P2_6=0;
        P2_7=1;
        TR1=0;
        }
        shi=num1/10;
        ge=num1%10;
    }

}

/*---------------延时函数--------------- */
void delay(uint z)
{
    uint x,y;
    for(x=z;x>0;x--)
    for(y=110;y>0;y--);
}
void display(uchar hao,uchar aa,uchar shi,uchar ge)
{
    P0=0xff;
    wela=1;
    P0=0xfe;
    wela=0;
    P0=0;
    dela=1;
    P0=table[hao];                      //显示选手编号
    dela=0;
    delay(5);

    P0=0xff;
    wela=1;
    P0=0xfd;
```

```
                wela=0;
                P0=0;
                dela=1;
                P0=table[aa];
                dela=0;
                delay(5);

                P0=0xff;
                wela=1;
                P0=0xfb;
                wela=0;
                P0=0;
                dela=1;
                P0=table[shi];
                dela=0;
                delay(5);

                P0=0xff;
                wela=1;
                P0=0xf7;
                wela=0;
                P0=0;
                dela=1;
                P0=table[ge];
                dela=0;
                delay(5);
        }

/*----------------抢答亮灯实现-------------- */
void keyscan()
{
        if(kai==0)                      //开始抢答
        {
                delay(5);               //去抖
                if(kai==0)
                {
                        while(!kai);            //松手检测
                            hao=0;              //显示没有按键选手号
                            num=30;             //初值
                            shi=3;
                            ge=0;
                            TR0=1;              //开定时器 0
                            flag1=1;            //标志位置 1
                            P2_7=0;             //准备抢答状态
                            P2_6=1;
```

```
            }
    }
    if(ting==0)                            //复位
    {
        delay(5);
        if(ting==0)
        {
            while(!ting)
            {
                a=0;                        //复位 a 初值
                num=30;                     //初值
                num1=0;                     //初值
                hao=0;                      //显示没有按键选手号
                shi=3;
                ge=0;
                TR0=0;                      //关定时器
                TR1=0;
                flag1=0;                    //标志位置 0
                P2_6=0;                     //准备状态
                P2_7=1;
                P3=0xff;                    //P3 处于高电平,输入状态
            }
        }
    }
    if(flag1==1)                           //抢答状态
    {
        if(hao==0)
        {
            delay(5);
            if(hao==0)
            {
                temp=P1;
                while(!temp);
                switch (temp)
                {
                    case 0xfe:
                        P2_6=1;
                        P2_7=1;
                        P3=0xfe;           //显示 1 号灯
                        shi=0;
                        ge=0;
                        hao=1;             //显示有按键选手号
                        TR1=1;
                        TR0=0;
                    break;
```

```
        case 0xfd:
            P2_6=1;
            P2_7=1;
            P3=0xfd;        //显示 2 号灯
            shi=0;
            ge=0;
            hao=2;          //显示有按键选手号
            TR1=1;
            TR0=0;
        break;

        case 0xfb:
            P2_6=1;
            P2_7=1;
            P3=0xfb;        //显示 3 号灯
            shi=0;
            ge=0;
            hao=3;          //显示有按键选手号
            TR1=1;
            TR0=0;
        break;
        case 0xf7:
            P2_6=1;
            P2_7=1;
            P3=0xf7;        //显示 4 号灯
            shi=0;
            ge=0;
            hao=4;          //显示有按键选手号
            TR1=1;
            TR0=0;
        break;
        case 0xef:
            P2_6=1;
            P2_7=1;
            P3=0xef;        //显示 5 号灯
            shi=0;
            ge=0;
            hao=5;          //显示有按键选手号
            TR1=1;
            TR0=0;
        break;
        case 0xdf:
            P2_6=1;
            P2_7=1;
            P3=0xdf;        //显示 6 号灯
```

```
                    shi=0;
                    ge=0;
                    hao=6;          //显示有按键选手号
                    TR1=1;
                    TR0=0;
                break;
                case 0xbf:
                    P2_6=1;
                    P2_7=1;
                    P3=0xbf;        //显示 7 号灯
                    shi=0;
                    ge=0;
                    hao=7;          //显示有按键选手号
                    TR1=1;
                    TR0=0;
                break;
                case 0x7f:
                    P2_6=1;
                    P2_7=1;
                    P3=0x7f;        //显示 8 号灯
                    shi=0;
                    ge=0;
                    hao=8;          //显示有按键选手号
                    TR1=1;
                    TR0=0;
                break;
                }
            }
        }
    }
}
```

7.5 系统仿真及调试

经过 Keil 软件编译后,在 Proteus 软件编辑环境中绘制仿真电路图,将编译好的.hex 文件加载到 AT89C52 单片机中,启动仿真,就可以看到仿真效果。图 7-8 所示为选手抢答之前的仿真效果,此时代表"准备开始"的黄色指示灯亮。接下来主持人按下"开始"按键,即开始抢答,代表"开始抢答"的绿色指示灯亮,代表"准备开始"的黄色指示灯熄灭,仿真效果如图 7-9 所示。数码管左边显示抢答到题目的选手的号码,右边两位为计时显示。未有选手按键时显示为 0,如果按下 3 号选手的按键,则显示效果图 7-10 所示。3 号选手面前的指示灯亮起,数码管左边一位显示该选手的号码为 3,右边开始进行答题计时。若时间超过 60 s,则"准备开始"指示灯亮,提示时间到,如图 7-11 所示,准备开始下一轮抢答。主持人按下"复位"按键。数码管显示器以及各状态指示灯均还原为初始设置。

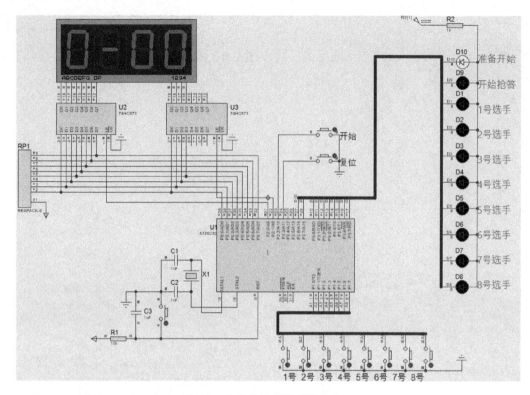

图 7-8　选手抢答之前的仿真效果

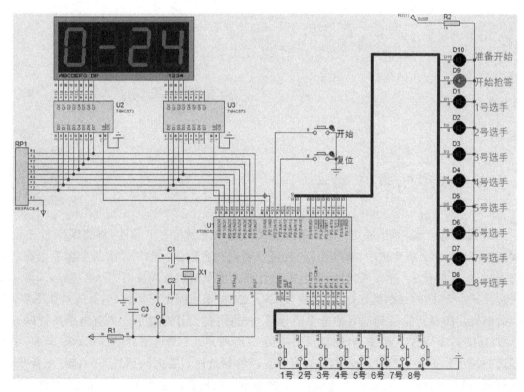

图 7-9　开始抢答的仿真效果

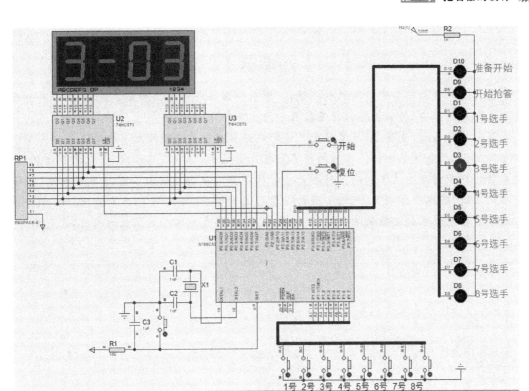

图 7-10　按下 3 号选手按键的仿真效果

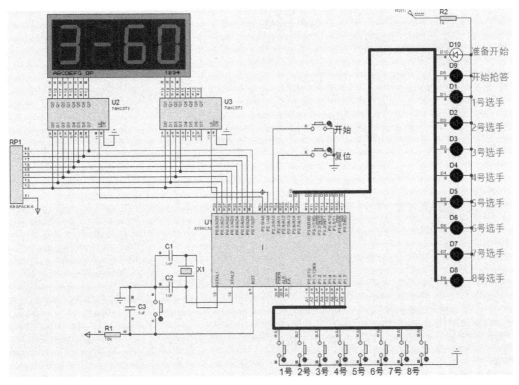

图 7-11　答题计时超过 60 s 的仿真效果

小贴示

抢答器是一种应用非常广泛的电子设备,随着我国经济和文化事业的发展,在很多公开场合要求有公正的裁决,诸如抢答活动及各种智力竞赛等。

在各种抢答活动、竞赛中,抢答器能迅速客观地分辨出最先获得发言权的选手以及实现设定发言时间、记录分数等功能。早期的抢答器只是由几个三极管、可控硅、发光管等组成,能通过发光管的指示辨认出选手号码。现在大多数抢答器均使用单片机和数字集成电路,并增加了许多新功能,如选手号码显示、抢答前或抢答后的计时、选手得分显示等功能。而今抢答器可以通过数据来说明裁决结果的准确性、公平性,使比赛大大增加娱乐性的同时,也更加公平、公正。

第8章 频率计的设计

8.1 项目要求

设计一个频率计,要求实现以下基本功能。

(1) 能够测量方波、正弦波等信号的频率、周期、占空比,其中,输入波形的频率范围为 1 Hz~10 MHz,幅度为 0.1 V~5 V。

(2) 通电或待机状态键被按下后会显示系统提示符,进入测量准备状态。

(3) 频率测量键被按下,则测量频率;周期测量键被按下,则测量周期;占空比测量键被按下,则测量占空比。

(4) 测量结果可显示在液晶显示屏上,且在上述 3 种不同的测量状态下,分别用不同颜色的发光二极管进行指示。

8.2 方案论证

随着电子信息产业的发展,电子产品层出不穷、种类繁多,各种产品的开发都少不了对信号的检测,其中信号的频率是检测的重要指标之一。信号频率的测量在科学研究和实际应用中的作用越来越重要。目前市场上的频率计有很多种,实现方案主要有以下两种。

方案一:本方案主要以单片机为核心,首先需要把待测信号放大整形,然后把信号送入单片机的定时计数器里进行计数,并获得频率值,最后把测得的频率值送入显示电路进行显示。频率计电路结构框图如图 8-1 所示。

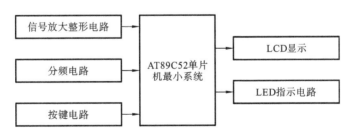

图 8-1 频率计电路结构框图(方案一)

方案二:本方案主要以数字器件为核心,分为时基电路、逻辑控制电路、放大整形电路、闸门电路、计数电路、锁存电路、译码显示电路等七大部分。本方案用到大量的数字元器件,被测信号经放大整形电路变成计数器所要求的脉冲信号,其频率与被测信号的频率相同。这里的逻辑控制电路的作用有两个:一是产生锁存脉冲,使显示器上的数字稳定;二是产生清零脉冲,使计数器每次测量从零开始计数。

比较以上两种方案可以知道,方案一的核心是单片机,频率计使用的元器件少,电路原理简单,有着体积小、运算速度快、测量范围广等优点,而且采用单片机测量频率时,许多以前需要用硬件才能实现的功能,现在仅仅依靠软件编程就能实现,不同的软件编程代码能够实现不同的功能,从而大大降低了制作成本。与方案一相比,方案二设计的频率计的许多功能是依靠硬件来实现的,需要使用大量的数字元器件,其电路复杂,硬件调试麻烦。基于上述比较,本设计选择了方案一。

8.3 系统硬件电路设计

本设计主要以单片机为核心,利用单片机的定时/计数功能来实现对频率的计数,并且利用单片机的动态扫描法,把测出的数据送到液晶显示电路显示出来。除了基本功能之外,本设计还增加了按键电路来选择测量功能,并应用 LED 来指示功能。频率计硬件电路由单片机系统、前置放大整形电路、分频电路、液晶显示电路、按键电路及 LED 指示电路几部分组成。图 8-2 所示为频率计电路原理图。

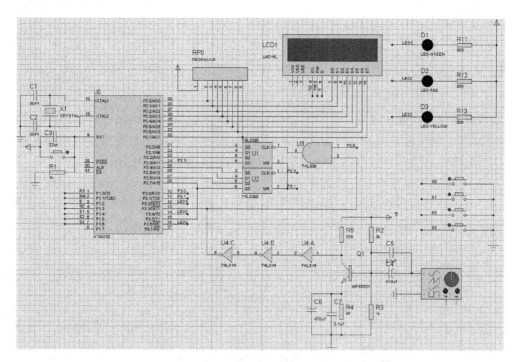

图 8-2　频率计电路原理图

8.3.1　单片机系统及外围电路

本设计采用 AT89C52 单片机或其兼容系列芯片。单片机本身是一个同步时序系统,为了确保同步工作方式的实现,单片机必须有时钟信号,使系统在时钟信号的控制下按时序协调工作。时钟可以说是单片机的心脏,单片机各功能部件的运行都是以时钟频率为基准有条不紊地工作的,因此,时钟频率直接影响单片机的运行速度,时钟电路的质量也直接影响单片机系统的稳定性。单片机内部有一个用于构成振荡器的高增益反相放大器,该高增益反相放大器的输入端为引脚 XTAL1,输出端为引脚 XTAL2,这两个引脚跨接石英振荡器和微调电容,就可以构成一个稳定的自激振荡器。晶振频率是单片机的一项重要技术指标,晶振频率越高,系统的时钟频率就越高,单片机的运行速度也就越快,本设计采用常用的 12 MHz 晶振。

复位是单片机的初始化操作,只要给 RST 引脚加上 2 个以上机器周期的高电平信号,就可以使单片机复位。复位的主要功能是把程序计数器(PC)初始化为 0000H,使单片机从 0000H 单元开始执行程序。除了进入系统时的正常初始化之外,当程序运行出错或操作错误使系统处于死锁状态时,为了摆脱死锁状态,也需要通过复位来重新启动。单片机的复位电路通常采用上电复位和按键复位两种方式,本设计采用按键复位的方式。时钟电路、复位电路与 AT89C52 单片机构成了单片机最小系统。

除了单片机最小系统,单片机要实现其功能,还需要接外围电路。本设计中,单片机的 P1.0~P1.2 引脚用来发送控制信号,P1.3~P1.7 引脚用来接按键电路,P0 口和 P2 口分别接液晶显示电路和分频电路,P3.2、P3.4、P3.6 引脚作为通用的 I/O 口接 LED 指示电路,P3.0、P3.1、P3.3、P3.5 引脚作为第二功能使用。单片机系统及外围电路的接法可参看图 8-2 所示的原理图。

8.3.2 前置放大整形电路设计

由于输入波形的范围设置为 1 Hz~10 MHz,幅度为 0.1 V~5 V,因此在该设计中对于小信号的处理非常重要,小信号很容易受到外界的干扰,需要通过前置放大电路放大之后,再由 7414 芯片组成的施密特触发器整形,从而得到标准方波信号。

前置放大整形电路如图 8-3 所示,其中右侧为信号发生器,用来产生信号,可以产生正弦波、锯齿波、三角波以及方波,产生的信号整形后送到单片机的 P3.3/INT1 引脚和分频电路的输入端。

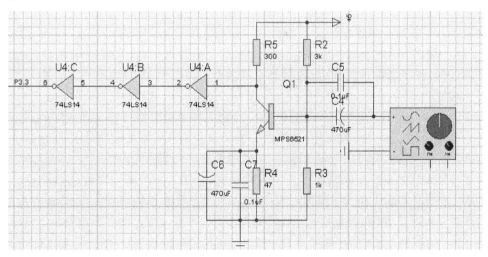

图 8-3　前置放大整形电路

8.3.3　分频电路

本设计中,单片机外接的晶振频率为 12 MHz,则单片机的时钟周期为 1/12 μs,而确认一次负跳变的时间是 2 个机器周期,即 24 个振荡周期,所以允许输入的外部脉冲的最高频率为振荡器频率的 1/24,即最高频率为 500 kHz,远远达不到设计要求的 1 Hz～10 MHz,故需要扩展测量频率的范围,这里采用两个 74LS393 外部计数器来组成 256 分频器。分频电路的输入通过 74LS08 芯片与门控制,待测信号被 256 分频器分频后,输入 T1 进行计数,74LS393 计数器的输出口与单片机的 I/O 口相连。那么,单片机在 1 s 内的计数值就等于 T1 的计数值乘以 256 再加上 I/O 口输出的值,达到了扩展测量频率范围的目的。用该方法理论上可以把测量频率扩展到 100 MHz 以上。当然,由于各外部器件的通频带有限,频率过高,则外部器件不能正常工作,但在本设计要求的 1 Hz～10 MHz 的频率范围内是可以正常工作的。分频电路如图 8-4 所示。

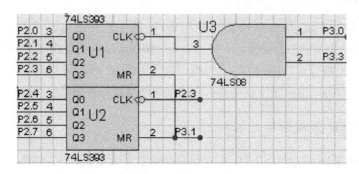

图 8-4　分频电路

8.3.4　液晶显示电路

液晶显示电路用来显示测得信号的频率值、周期或者占空比,常用的数据显示方案有以下两种。

方案一:以 LED 数码管作为显示器,LED 数码管可显示数字、基本字母、系统温度数据等,要使显示数据精确到小数点后两位,至少需要 5 个数码管,这在硬件电路设计上,将会十分复杂,因为需要考虑将位选、段选以及七段接口线进行焊接。该方案虽然成本低,但加大了设计难度。

方案二:以液晶显示屏作为显示器,LCD1602 液晶显示屏具有两行显示空间,每行可进行 16 位内容显示,可显示字符、数字等,显示内容较为丰富。该方案的硬件电路较为简单,在硬件焊接以及程序控制方面可降低设计难度,且其成本在可接受范围内。

从显示的内容以及硬件电路的设计方面来考虑,方案二不失为一种好的显示设计方案。虽然方案二在设计成本上相对于方案一有些高,但在可接受范围内,因此本次设计直接采用液晶显示屏来显示测量值,采用排阻来起到限流的作用。本方案的连接方式很简单,将单片机的 P0.0～P0.7 引脚分别与液晶显示屏的 D0～D7 口相连,再将对应的控制信号相连即可。液晶显示电路如图 8-5 所示。

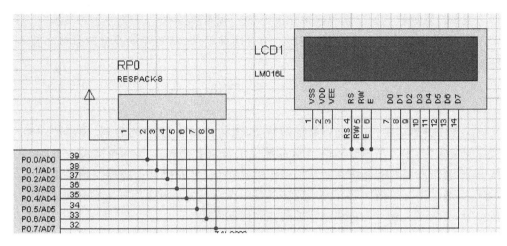

图 8-5　液晶显示电路

8.3.5　按键与指示电路

单片机的 P1.3、P1.4、P1.5、P1.6 引脚分别接按键 S0、S1、S2、S3。可通过按键来切换功能,按下 S0 表示该频率计处于待机状态,按下 S1 表示测量频率,按下 S2 表示测量周期,按下 S3 表示测量占空比,当没有键被按下时,P1.3~P1.6 引脚为高电平,当有键被按下时,对应接口为低电平,表示此时选择了相应的测量功能。LED 用于指示此时选择了哪种功能,依次按下 S1~S3 时,对应的 D1~D3 发光,分别表示现在测量的是频率、周期或占空比。例如,当按下 S1 时,对应的发光二极管 D1 发光,指示现在测量的是频率。电路如图 8-6 所示。其中电阻 R11~R13 的作用是限流,但是 R11~R13 取值不能太大,否则发光二极管不会亮。

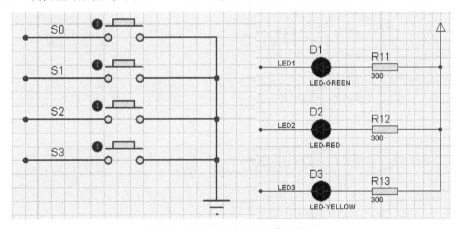

图 8-6　按键电路与 LED 指示电路

8.4　系统软件设计

系统硬件电路设计完成后,要使之正常工作,除满足系统设计的要求外,还需要软件设计来支持。频率计系统软件设计采用模块化设计,整个系统软件设计分为主程序模块、子程序模块两大部分,其中子程序模块包括显示模块、按键功能模块、测量模块及延时模块。整个系统的软件设计程序用 C 语言编写。

8.4.1 主程序模块设计

系统主程序开始以后,首先进行系统初始化,包括分频器、工作寄存器、中断控制和定时/计数器等的初始化;然后液晶显示屏显示系统提示符"welcome",等待按键被按下,如果有按键被按下,则通过按键功能模块判断是哪一按键被按下,再去执行相应的测量模块程序,对应的指示灯亮;最后进行数据处理并将处理结果显示在液晶显示屏上。如果没有按键被按下,则一直显示"welcome"。图 8-7 是频率计系统主程序流程图。

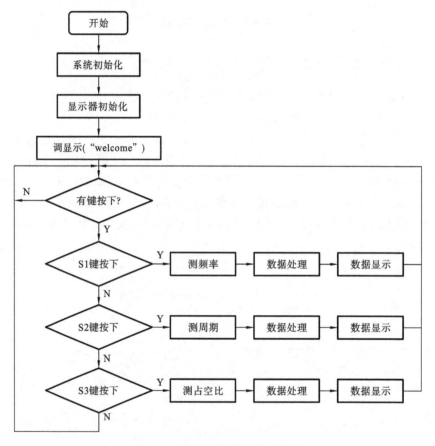

图 8-7 频率计系统主程序流程图

8.4.2 子程序模块设计

子程序模块包括显示模块、按键功能模块、测量模块及延时模块。各模块功能如下。

(1)显示模块 1:显示"welcome"。

显示模块 2:显示测得的频率值。

显示模块 3:显示测得的周期值。

显示模块 4:显示测得占空比值。

（2）按键功能模块:判断哪一按键被按下,然后去执行相应的子程序。

（3）测频率模块:测量信号的频率。

测周期模块:测量信号的频率后,间接测量其周期。

测占空比模块:测量信号的脉宽后,间接测量信号的占空比。

（4）延时模块:用于各位显示时间的延时。

在上述各个子程序模块中,延时模块可直接调用,显示模块与按键功能模块比较简单,这里主要介绍测量模块的设计。此数字频率计是利用单片机的 P3.5(T1)引脚作为被测矩形波信号的输入端,单片机晶振采用 12 MHz。当按下 S1 键时测频率,被测矩形波信号从 P3.5 引脚进入单片机,此时,同时启动定时器 0 和计数器 1,定时器 0 初始化为定时 50 ms、20 次,这样一次循环的定时时间为 50 ms 乘以 20,即为 1 s,当定时时间到了之后立即停止定时计数器,因为晶振为 12 MHz,所以此时计数器的计数值即为被测信号的频率。当按下 S2 键时测周期,此时先测得被测信号的频率,然后通过 T＝1/f 即可求得被测信号的周期。当按下 S3 键时,被测矩形波通过 P3.5 引脚输入单片机后,P3.5 引脚为高电平时开启定时器 1,P3.5 引脚为低电平时关闭定时器 1,此时读出定时器的定时值,此值即为被测信号的脉宽,然后通过占空比等于脉宽除以周期即可得到信号的占空比。测得相应的数据之后,先对数进行按位处理后再将其在液晶显示屏上进行显示。测频率子程序流程图如图 8-8 所示,测脉宽子程序流程图如图 8-9 所示。

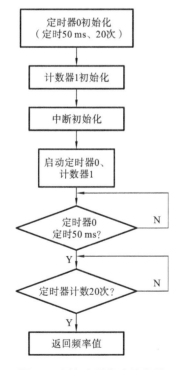

图 8-8　测频率子程序流程图

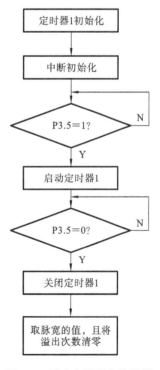

图 8-9　测脉宽子程序流程图

8.4.3 程序清单

程序清单运行示例,请扫描右侧二维码。

```c
#include <reg52.h>
#define uchar unsigned char
#define uint unsigned int
#define ulong unsigned long

sbit LCD_RS=P1^0;
sbit LCD_RW=P1^1;
sbit LCD_EN=P1^2;
sbit Q0=P2^0;                              //计数器 0 位
sbit Q1=P2^1;                              //计数器 1 位
sbit Q2=P2^2;                              //计数器 2 位
sbit Q3=P2^3;                              //计数器 3 位
sbit Q4=P2^4;                              //计数器 4 位
sbit Q5=P2^5;                              //计数器 5 位
sbit Q6=P2^6;                              //计数器 6 位
sbit Q7=P2^7;                              //计数器 7 位
sbit kaishi=P3^0;                          //频率计数的逻辑开关
sbit qingling=P3^1;                        //计数器清零信号端
sbit s0=P1^3;                              //待机功能键
sbit s1=P1^4;                              //测频率功能键
sbit s2=P1^5;                              //测周期功能键
sbit s3=P1^6;                              //测占空比功能键
sbit led1=P3^2;                            //功能指示灯
sbit led2=P3^4;
sbit led3=P3^6;
sbit t1in=P3^3;                            //测占空比时,信号的输入引脚
sbit lcden=P3^5;
sbit lcdrs=P3^7;
sbit duan=P1^1;
sbit wela=P1^2;

uchar i,table[10],q0,q1,q2,q3,q4,q5,q6,q7,table2[9],
table1[]={"welcome"},dis[5],T0num,T1num,th1,tl1;
uint num,bizhi;
ulong pinglv,time1,time0;
bitzq=0;                                   //频率、周期标志位

/* ---------------延时函数--------------*/
void delay(uint time)
{
    uint i,j;
```

```
    for(i=time;i>0;i--)
        for(j=110;1>0;j--);
}


/* ---------------写指令函数---------------*/
voidwrite_com(uchar com)
{
    LCD_RS=0;
    LCD_RW=0;
    P0=com;
    delay(2);
    LCD_EN=1;
    delay(2);
    LCD_EN=0;
}


/* -------------写数据函数---------------*/
voidwrite_data(uchar date
{
    LCD_RS=1;
    LCD_RW=0;
    P0=date;
    delay(2);
    LCD_EN=1;
    delay(2);
    LCD_EN=0;
}


/* -------------初始化函数---------------*/
voidLCD_init()
{
    write_com(0x38);
    write_com(0x0c);
    write_com(0x01);
}


/* -------------按键扫描函数---------------*/
void key()
{
    if(s0==0)                               //检测到待机功能键被按下
    {
        delay(5);
        if(s0==0)
        {
            while(!s0);
```

```
        LCD_init();
        write_com(0x80);                    //液晶显示屏显示"welcome"
        for(i=0;i<8;i++)
        {
            write_date(table1[i]);
        }
        while(1)
        {
            if((s1==0)|(s2==0)|(s3==0))      //如果有别的按键被按下,则退出该功能
            break;
        }
    }
}

if(s1==0)                                    //按下测频率功能键
{
    delay(5);
    if(s1==0)
    {
        while(!s1);
        led1=0;                              //频率指示灯亮,其余灯灭
        led2=1;
        led3=1;
        zq=0;                                //处于测量频率功能
        LCD_init();
        qingling=0;
        TMOD=0x51;                           //定义 T0 工作于计时模式,T1 工作于计数模式
        TH0=(65536-50000)/256;               //给 T0 装初值,定时 5 ms 中断
        TL0=(65536-50000)%256;
        TH1=0;                               //给 T1 装初值
        TL1=0;
        ET0=1;                               //开 T0 中断
        ET1=0;                               //关闭 T1 中断
        TR0=1;                               //T0 开始计时
        TR1=1;                               //T1 开始计数
        while(1)
        {                                    //如果有别的按键按被下,则退出该功能
            if((s0==0)|(s2==0)|(s3==0))
            break;
        }
    }
}
if(s2==0)                                    //按下测周期功能键
{
    delay(5);
```

```
    if(s2==0)
    {
        while(! s2);
        led2=0;                          //周期指示灯亮,其余灯灭
        led1=1;
        led3=1;
        zq=1;                            //处于测量周期功能
        LCD_init();
        qingling=0;
        TMOD=0x51;                       //定义 T0 工作于计时模式,T1 工作于计数模式
        TH0=(65536-50000)/256;           //给 T0 装初值,定时 5 ms 中断
        TL0=(65536-50000)%256;
        TH1=0;                           //给 T1 装初值
        TL1=0;
        ET0=1;                           //开 T0 中断
        ET1=0;                           //关 T1 中断
        TR0=1;                           //T0 开始计时
        TR1=1;                           //T1 开始计数
        while(1)
        {                                //如果有别的按键被按下,则退出该功能
            if((s0==0)|(s1==0)|(s3==0))
            break;
        }
    }
}

if(s3==0)                                //按下测占空比功能键
{
    delay(5);
    if(s3==0);
    {
        while(!s3);
        led3=0;                          //占空比指示灯亮,其余灯灭
        led1=1;
        led2=1;
        TMOD=0x10;                       //T0 不工作,T1 为定时模式
        ET0=0;                           //T0 中断关闭
        ET1=1;                           //打开 T1 中断
        TH1=0;                           //给 T1 装初值
        TL1=0;
        LCD_init();                      //液晶屏清屏
        while(1)
        {
            while(!t1in);                //确认输入信号处于低电平
            //while(t1in);               //检测到高电平
```

```
            TR1=1;                          //开始计时
            while(!t1in);                   //高电平变低电平
            tl1=TL1;                        //读取 T1 的值
            th1=TH1;
            T1num=T0num;
            //while(t1in);                  //再次检测到高电平
            TR1=0;                          //停止计时
            time0=T0num*65536+TH1*256+TL1;      //一个周期的时间
            time1=T1num*65536+th1*256+tl1;      //高电平的时间
            bizhi=time1*1000/time0;   //计算占空比
            dis[0]=bizhi/100+0x30;      //数据处理
            dis[1]=bizhi%100/10+0x30;
            dis[2]=0x2e;
            dis[3]=bizhi%10+0x30;
            dis[4]=0x25;
            write_com(0x80);
            for(i=0;i<5;i++)                //数据显示
            {
                write_data(dis[i]);
            }
            delay(5);                       //延时
            T1num=0;
            th1=0;
            tl1=0;
            T0num=0;
            TH1=0;
            TL1=0;
            if((s0==0)|(s1==0)|(s2==0))
            break;                          //如果有别的按键被按下,则退出该功能
        }
      }
   }
}


/* --------------主函数--------------*/
void main()
{
    inti;
    LCD_RW=0;
    LCD_init();
    write_com(0x80);
    for(i=0;i<14;i++)
    {
        write_data(table1[i]);
        delay(2);
```

```
    }
    EA=1;                                //开总中断
    while(1)
    {
        key();                           //按键扫描
    }
}


/* -------------定时器 T0 中断函数---------------*/
void T0_time()interrupt 1
{
    TH0= (65536-50000)/256;              //装初值
    TL0= (65536-50000)%256;
    num++;
    if(num==20)                          //1秒时间到
    {
        TR1=0;                           //停止计数
        kaishi=0;
        TR0=0;                           //停止计时
        q0=Q0;                           //读取计数器的值
        q1=Q1;
        q2=Q2;
        q3=Q3;
        q4=Q4;
        q5=Q5;
        q6=Q6;
        q7=Q7;
        pinglv=TH1*65536+TL1*256+q7*128+q6*64+q5*32+q4*16+q3*8+q2*4+q1*2+q0;
        //计算频率
        if(zq==0)                        //如果处于频率测量状态
        {                                //频率数据处理
            table[0]=pinglv/10000000;
            table[1]=pinglv%10000000/1000000;
            table[2]=pinglv%1000000/100000;
            table[3]=pinglv%100000/10000;
            table[4]=pinglv%10000/1000;
            table[5]=pinglv%1000/100;
            table[6]=pinglv%100/10;
            table[7]=pinglv%10;
            table[8]='H';
            table[9]='z';
            write_com(0x80);
            for(i=0;i<8;i++)             //显示频率
```

```
        {
            write_data(table[i]+0x30);
        }
        write_data(table[8]);
        write_data(table[9]);
    }
    if(zq==1)                            //处于周期测量状态
    {
        if(pinglv< =1000)                //频率小于等于1000
        {                                //周期数据处理
            table2[0]=10000/pinglv/10000+0x30;
            table2[1]=10000/pinglv%10000/1000+0x30;
            table2[2]=10000/pinglv%1000/100+0x30;
            table2[3]=10000/pinglv%100/10+0x30;
            table2[4]=0x2e;
            table2[5]=10000/pinglv%10+0x30;
            table2[6]=100000/pinglv%10+0x30;
            table2[7]=0x6d;
            table2[8]=0x73;
        }
        if(pinglv>1000)                  //频率大于1000
        {                                //周期数据处理
            table2[0]=0+0x30;
            table2[1]=10000000/pinglv/1000+0x30;
            table2[2]=10000000/pinglv%1000/100+0x30;
            table2[3]=10000000/pinglv%100/10+0x30;
            table2[4]=0x2e;
            table2[5]=10000000/pinglv%10+0x30;
            table2[6]=100000000/pinglv%10+0x30;
            table2[7]=0x75;
            table2[8]=0x73;
        }
        write_com(0x80);                 //显示周期
        for(i=0;i<9;i++)
        write_data(table2[i]);
    }
    delay(10);
    TH1=0;                               //给 T1 装初值
    TL1=0;
    TH0= (65536-50000)/256;             //给 T0 装初值
    TL0= (65536-50000)%256;
    num=0;
    qingling=1;                          //计数器清零
```

```
        delay(10);
        qingling=0;
        kaishi=1;                       //再次开始测量
        TR0=1;                          //T0 开始计时
        TR1=1;                          //T1 开始计数
    }
}

/* ---------------定时器 T1 中断函数---------------*/
void T1_time()interrupt 3
{
    T0num++;
}
```

8.5　系统仿真及调试

软件设计程序完成后,首先让源程序经过 Keil 软件编译后,生成.hex 文件;然后在 Proteus 软件编辑环境中绘制仿真电路图;最后将编译好的.hex 文件加载到 AT89C52 单片机中,启动仿真,就可以看到仿真效果。系统通电后,会出现系统提示符"welcome",此时 3 个 LED 指示灯均不亮,如图 8-10 所示。按下按键 S1 后,表示测量的是频率,LED1 灯亮,液晶显示屏显示测得的频率值是 1 Hz,如图 8-11 所示。按下按键 S2 后,表示测量的是周期,LED2 灯亮,液晶显示屏显示测得的周期值是 1000 ms,如图 8-12 所示。按下按键 S3 后,表示测量的是占空比,LED3 灯亮,液晶显示屏显示测得的占空比值是 44.4%,如图 8-13 所示。

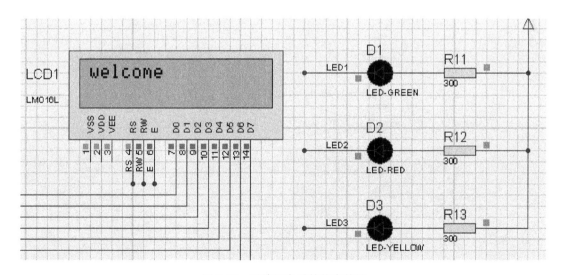

图 8-10　系统通电后的仿真效果

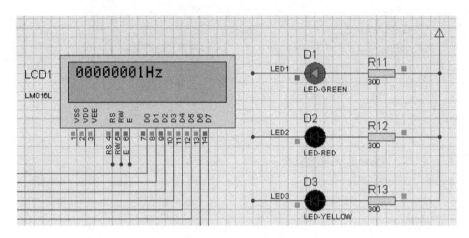

图 8-11 按下按键 S1 后的仿真效果

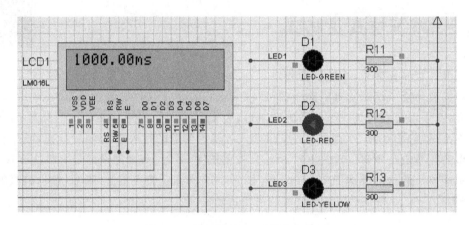

图 8-12 按下按键 S2 后的仿真效果

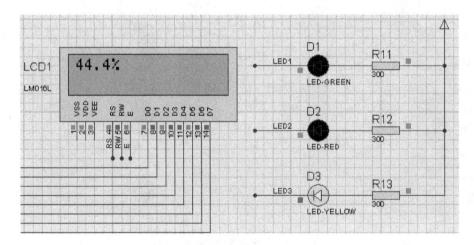

图 8-13 按下按键 S3 后的仿真效果

调节信号发生器,使之产生不同的频率,液晶显示屏上显示的值随之发生改变。通过将显示出来的频率大小与信号发生器产生的频率相比较,可以看出所编写的程序是否满足要求,是否符合设计所要求的精度。如果不符合设计所要求的精度,则可以通过改变单片机定时器的初始值或者优化程序的结构来减小误差、增加精度。

小贴示

在传统的电子测量仪器中,示波器在进行频率测量时的测量精度较低,误差较大;频谱仪可以准确地测量频率并显示被测信号的频谱,但测量速度较慢,无法实时快速地跟踪捕捉到被测信号频率的变化,而频率计能够快速、准确地捕捉到被测信号频率的变化,因此,频率计有非常广泛的应用。它的基本原理是:当被测信号在特定时间段 T 内的周期个数为 N 时,则被测信号的频率 $f = N/T$。在一个测量周期过程中,被测周期信号在输入电路中经过放大、整形、微分操作之后形成特定周期的窄脉冲,送到主门的一个输入端。主门的另外一个输入端为时基电路产生的闸门脉冲。在闸门脉冲开启主门期间,特定周期的窄脉冲才能通过主门,从而进入计数器进行计数,计数器的显示电路则用来显示被测信号的频率值,内部控制电路则用来完成各种测量功能之间的切换并实现测量设置。

第9章 简易计算器的设计

9.1 项目要求

设计一款简易的计算器,要求实现以下功能。

(1) 能够进行简单的四则运算,用 LCD 显示数据和结果。

(2) 采用键盘输入方式,键盘包括数字键(0~9)、符号(＋、－、×、÷)、清除键(C)和等号键(＝),一共需要 16 个按键。

(3) 在执行过程中,键入数值,通过 LCD 显示出来,当键入＋、－、×、÷运算符时,计算器在内部执行数值转换和存储操作,并等待再次键入数值,当再次键入数值时,LCD 显示键入的数值,按下等号键就会在 LCD 上输出运算结果。

(4) 当计算器执行过程中出现错误时,会在 LCD 上显示相应的提示,例如,当除数为 0 时,计算器会在 LCD 上提示"ERROR!"。

9.2 方案论证

四则运算,即操作数的加、减、乘、除运算。可用 10 个按键分别表示数字 0~9,再用 5 个按键分别表示加、减、乘、除和等号运算符,1 个按键表示清除。因此,可采用 4×4 矩阵键盘作为简易计算器电路的输入端。

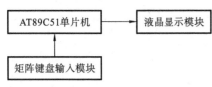

图 9-1 简易计算器系统的电路结构框图

51 系列单片机自身具备很强的运算功能,因此,不需要额外设计电路来完成四则运算。通过键盘输入操作数和运算符,运算结束后,可将运算结果通过液晶屏等显示设备输出。该简易计算器系统的电路结构框图如图 9-1 所示。

9.3 系统硬件电路设计

简易计算器系统硬件电路由单片机系统、键盘扫描电路及运算结果输出电路组成。通过单片机控制,实现对 4×4 矩阵键盘扫描进行实时的按键检测,并把检测数据存储下来。图 9-2 所示为简易计算器的电路原理图。

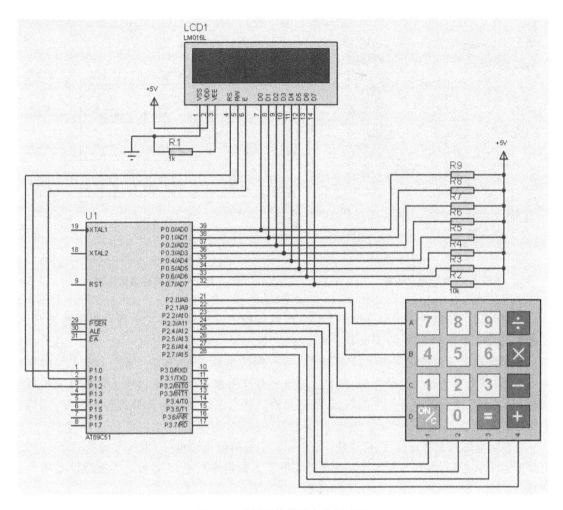

图 9-2 简易计算器的电路原理图

9.3.1 单片机系统及外围电路

采用 AT89C51 单片机或其兼容系列芯片。P2 口连接矩阵键盘,为键盘扫描输入/输出线。P0 口连接 LM016L 液晶屏的输出端,以显示运算结果。

9.3.2 键盘扫描电路

按键是单片机最常用的输入设备,用户可以通过按键向单片机输入指令、地址和数据。当键盘中的按键数量较多时,为了减少 I/O 口的占用,通常将按键排列成矩阵形式。矩阵键盘通过四条 I/O 线作为行线、四条 I/O 线作为列线组成键盘,在行线和列线的每个交叉点上设置一个按键,这样键盘上按键的个数就为 4×4 个,这种行列式键盘结构能有效地提高单片机系统中 I/O 口的利用率。

本系统的矩阵键盘电路如图 9-3 所示。P2.0~P2.3 引脚为行线,P2.4~P2.7 引脚为列线,每条行线和列线在交叉处不直接连通,而是通过一个按键加以连接,其结构图如图 9-4 所示。

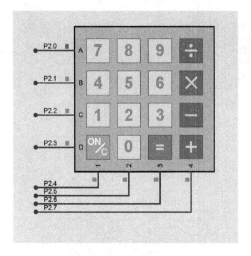

图 9-3　矩阵键盘电路

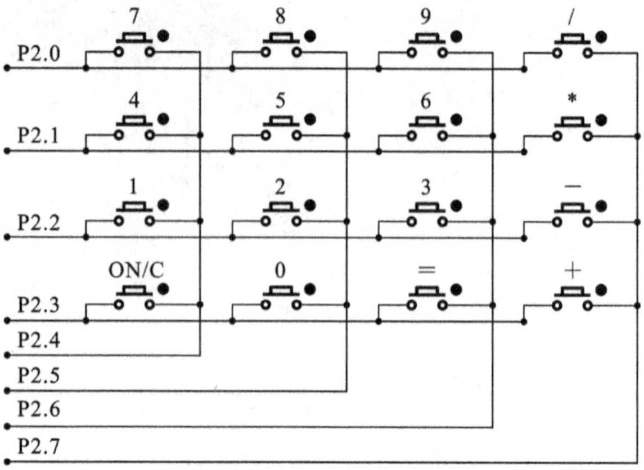

图 9-4　矩阵键盘结构图

通常使用行扫描法确定矩阵键盘上哪个按键被按下。行扫描法又称逐行扫描查询法,是一种常用的按键识别方法,以图 9-4 为例,过程如下。

判断键盘中有无按键被按下:P2.0～P2.3 引脚输出低电平,检测 P2.4～P2.7 引脚当前输入状态,只要有一列的电平为低,则表示键盘中有按键被按下,由于低电平列线与 4 根行线均相交叉,因此闭合键有 4 种可能取值,需进行第二次判断。若所有列线均为高电平,则键盘中无按键被按下。

判断闭合的按键所在位置:依次将 P2.0～P2.3 引脚输出低电平,再逐行检测 P2.4～P2.7 引脚的电平状态;若某列为低电平,则该列线与置为低电平的行线交叉处的按键就是闭合的按键。

9.3.3　液晶显示电路

简易计算器系统的显示部分采用的是 LM016L 液晶显示模块,它是一种专门用于显示字母、数字、符号等的点阵式 LCD。LM016L 芯片的引脚说明如表 9-1 所示。

表 9-1　LM016L 芯片的引脚说明

管脚号	名称	电平	功能描述
1	VSS	0 V	—
2	VDD	5.0 V	—
3	VEE	—	—
4	RS	H/L	H:数据线上为数据信号;L:数据线上为指令信号
5	RW	H/L	H:读数据模式;L:写数据模式
6	E	H/L	使能信号端
7～14	D0～D7	H/L	数据线

简易计算器系统液晶显示部分电路如图 9-5 所示。由图 9-5 可知,AT89C51 芯片的 P0 口作为数据输出端,连接 LM016L 芯片的 7～14 引脚;P1.0、P1.1、P1.2 引脚作为控制信号的输入端,连接 LM016L 芯片的 4、6、5 引脚,通过 AT89C51 发送各类指令、数据,完成相应的显示。

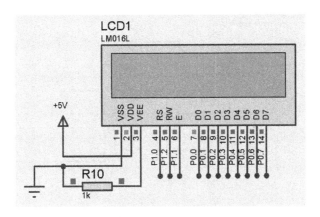

图 9-5　简易计算器系统液晶显示部分电路

9.4　系统软件设计

9.4.1　主程序设计

简易计算器软件的主要功能:首先接收 4×4 矩阵键盘输入的数据,然后将输入的数据解析出操作数、操作符信息,并进行运算,最后将运算结果通过液晶屏输出。简易计算器系统的主程序流程图如图 9-6 所示。

9.4.2　矩阵键盘输入模块程序设计

该模块利用 16 个按键,分别为 0～9、+、-、×、÷、=、ON/C,结合液晶显示模块,将按下的按键和运算结果进行显示。先判断某一行是否有按键按下,再判断该行是哪一个按键被按下,向行扫描码逐行输出低电平,如果有按键被按下,则相应的列值应为低,如果没有按键被按下,列值为高。这样可以通过输出的行码和读取的列码判断按下的是什么键。在判断有按键被按下后,要有一定的延时,防止键盘抖动。矩阵按键扫描是一种节省 I/O 口的方法,按键数目越多,节省 I/O 口就越可观。矩阵键盘输入模块程序流程图如图 9-7 所示。

9.4.3　运算模块程序设计

在运算模块中,必须保证按键被按下的数和 LCD 液晶显示的数保持一致,这样需要把 0～9、+、-、×、÷等字符转换成数据。运算模块程序流程图如图 9-8 所示。

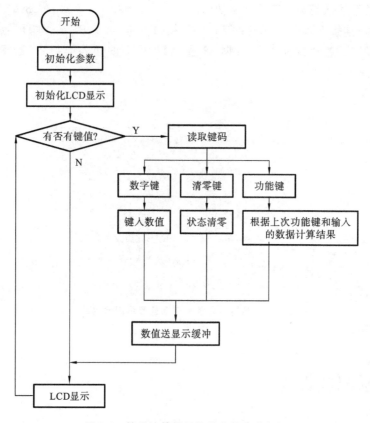

图 9-6 简易计算器系统的主程序流程图

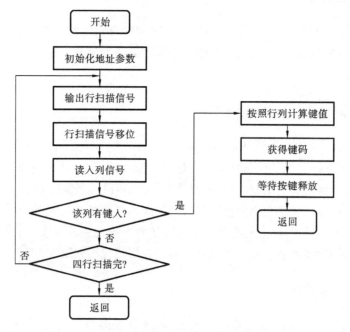

图 9-7 矩阵键盘输入模块程序流程图

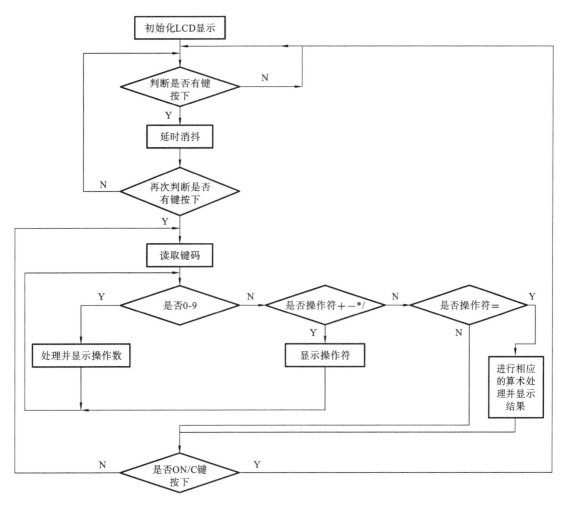

图 9-8　运算模块程序流程图

9.4.4　程序清单

程序清单运行示例,请扫描右侧二维码。

```
#include<reg51.h>              //头文件
#define uint unsigned int
#define uchar unsigned char

sbit lcden=P1^1;               //LCD1602 控制引脚
sbit rs=P1^0;
sbit rw=P1^2;
sbit busy=P0^7;                //LCD 忙

char i,j,temp,num,num_1;
long a,b,c;                    //a,第一个数 b,第二个数 c,得数
```

```
float a_c,b_c;
uchar flag,fuhao;        //flag 表示是否有运算符按键被按下,fuhao 表示按下的是哪个运算符
                         //flag=1 表示运算符按键被按下,flag=0 表示运算符键没有被按下
                         //fuhao=1 为加法,fuhao=2 为减法,fuhao=3 为乘法,fuhao=4 为除法

uchar code table[]={                              //运算数值输入数组
7,8,9,0,
4,5,6,0,
1,2,3,0,
0,0,0,0};
uchar code table1[]={                             //经处理后进行按键显示准备的数组
7,8,9,0x2f-0x30,                                  //7,8,9,÷
4,5,6,0x2a-0x30,                                  //4,5,6,×
1,2,3,0x2d-0x30,                                  //1,2,3,-
0x01-0x30,0,0x3d-0x30,0x2b-0x30                   //C,0,=,+
};

/*--------------延时函数--------------*/
void delay(uchar z)
{
    uchar y;
    for(z;z>0;z--)
    for(y=0;y<110;y++);
}

/*--------------写指令函数--------------*/
void write_com(uchar com)
{
    rs=0;
    P0=com;                                       //com 指令传给 P0 口
    delay(5);lcden=1;delay(5);lcden=0;
}

/*--------------写数据函数--------------*/
void write_date(uchar date)
{
    rs=1;P0=date;delay(5);
    lcden=1;delay(5);lcden=0;
}

/*--------------初始化--------------*/
void init()
{
```

```
    num=-1;
    lcden=1;                                    //使能信号为高电平
    rw=0;
    write_com(0x38);                            //8 位,2 行
    delay(5);write_com(0x38);                   //8 位,2 行
    delay(5);write_com(0x0c);                   //显示开,光标关,不闪烁
    delay(1);write_com(0x06);                   //增量方式不移位
    delay(1);write_com(0x80);                   //检测忙信号
    delay(1);write_com(0x01);                   //显示开,光标关,不闪烁
    num_1=0;
    i=0; j=0;
    a=0;                                        //第一个参与运算的数
    b=0;                                        //第二个参与运算的数
    c=0;
    flag=0;                                     //flag 表示是否有符号键按下
    fuhao=0;                                    //fuhao 表示按下的是哪个符号
}


/*--------------键盘扫描程序--------------*/
void keyscan()
{
    P2=0xfe;
    if(P2!=0xfe)
    {
        delay(20);                              //延迟 20 ms
        if(P2!=0xfe) {temp=P2&0xf0;
        switch(temp)
        {
            case 0xe0:num=0;break;              //7
            case 0xd0:num=1;break;              //8
            case 0xb0:num=2;break;              //9
            case 0x70:num=3;break;              //÷
        }
        } while(P2!=0xfe);
        if(num==0||num==1||num==2)              //如果按下的是 7、8 或 9
        {
            if(j!=0){write_com(0x01);j=0;}
            if(flag==0)                         //没有按过运算符键
            {a=a*10+table[num];}                //按下的数值存储到 a
            else                                //如果按过运算符键
            {b=b*10+table[num];}                //按下的数值存储到 b
        }
        else                                    //如果按下的是"/",除法
```

```
        {
            flag=1;                             //按下运算符
            fuhao=4;                            //4 表示按下除号
        }
        i=table1[num];                          //为数据显示做准备
        write_date(0x30+i);                     //显示数据或操作符号
    }


P2=0xfd;
if(P2!=0xfd)
{
    delay(20);
    if(P2!=0xfd) {temp=P2&0xf0;
    switch(temp)
    {
        case 0xe0:num=4;break;                  //4
        case 0xd0:num=5;break;                  //5
        case 0xb0:num=6;break;                  //6
        case 0x70:num=7;break;                  //×
    }
    } while(P2!=0xfd);                          //等待按键释放
    if(num==4||num==5||num==6&&num!=7)          //如果按下的是 4、5 或 6
    {
    if(j!=0) {write_com(0x01);j=0;}
        if(flag==0)                             //没有按过运算符键
    {a=a*10+table[num];}
    else                                        //如果按过运算符键
    {b=b*10+table[num];}
    }
    else                                        //如果按下的是"×"
    {flag=1;
        fuhao=3;                                //3 表示已按下乘号
    }
    i=table1[num];                              //为数据显示做准备
    write_date(0x30+i);                         //显示数据或操作符号
}


P2=0xfb;
if(P2!=0xfb) {delay(20);
    if(P2!=0xfb) {temp=P2&0xf0;
    switch(temp)
    {
        case 0xe0:num=8;break;                  //1
```

```
        case 0xd0:num=9;break;                    //2
        case 0xb0:num=10;break;                   //3
        case 0x70:num=11;break;                   //-
    }
} while(P2!=0xfb);
if(num==8||num==9||num==10)                       //如果按下的是 1、2 或 3
{
if(j!=0){write_com(0x01);j=0;}
    if(flag==0)                                   //没有按过运算符键
{ a=a*10+table[num];}
else                                              //如果按过运算符键
{b=b*10+table[num];}
}
else if(num==11)                                  //如果按下的是"-"
{
flag=1;
fuhao=2;                                          //2 表示已按下减号
}
i=table1[num];                                    //为数据显示做准备
write_date(0x30+i);                               //显示数据或操作符号
}


P2=0xf7;
if(P2!=0xf7) {delay(20);
    if(P2!=0xf7) {temp=P2&0xf0;
    switch(temp)
    {
        case 0xe0:num=12; break;   //清 0 键
        case 0xd0:num=13; break;   //数字 0
        case 0xb0:num=14; break;   //等于键
        case 0x70:num=15; break;   //加
    }
} while(P2!=0xf7);

switch(num)
{
case 12:{write_com(0x01);a=0;b=0;flag=0;fuhao=0;}   //按下的是"清零"
    break;
case 13:{                          //按下的是 0
    if(flag==0)                    //没有按过运算符键
    {a=a*10;write_date(0x30);P2=0;}
    else if(flag>=1)               //如果按过运算符键
    {b=b*10;write_date(0x30);}
```

```
            } break;
    case 14:{j=1;                    //按下等于键,根据运算符号进行不同的算术处理
        if(fuhao==1)                 //加法运算
        {
            write_com(0x80+0x4f);    //按下等于键,光标前进至第二行最后一个显示处
            write_com(0x04);         //设置从后住前写数据,每写完一个数据,光标后退
                                       一格
            c=a+b;
            while(c!=0){write_date(0x30+c%10);c=c/10;}
            write_date(0x3d);        //再写"="
            a=0;b=0;flag=0;fuhao=0;
        }
            else if(fuhao==2)        //减法运算
        {
            write_com(0x80+0x4f);    //光标前进至第二行最后一个显示处
            write_com(0x04);         //设置从后住前写数据,每写完一个数据,光标后退
                                       一格
            if(a-b>0) c=a-b;
            else c=b-a;
            while(c!=0) {write_date(0x30+c%10);c=c/10;}
            if(a-b<0) write_date(0x2d);
            write_date(0x3d);        //再写"="
            a=0;b=0;flag=0;fuhao=0;
        }
        else if(fuhao==3)           //乘法运算
            {
                write_com(0x80+0x4f);
                write_com(0x04);
                c=a*b;
                while(c!=0) {write_date(0x30+c%10);c=c/10;}
                write_date(0x3d);a=0;b=0;flag=0;fuhao=0;
            }
        else if(fuhao==4)           //除法运算
            {
                write_com(0x80+0x4f);
                write_com(0x04);
                i=0;
                if(b!=0)
            {
                c=(long)(((float)a/b)* 1000);
                while(c!=0)
                {
                    write_date(0x30+c%10);
                    c=c/10;
```

```
                        i++;if(i==3) write_date(0x2e);
                    }
                    if(a/b<=0)
                    {
                        if(i<=2)
                        {
                        if(i==1) write_date(0x30);
                        write_date(0x2e);
                        write_date(0x30);
                        }
                        write_date(0x30);
                    }
                    write_date(0x3d);
                    a=0;b=0;flag=0;fuhao=0;
                }
                else
                {
                    write_date('!');write_date('R');write_date('O');
                    write_date('R');write_date('R');write_date('E');
                }
            }
        } break;
        case 15:{write_date(0x30+table1[num]);flag=1;fuhao=1;} break;
            //加键,设置加标志 fuhao=1;
        }
    }  //P2!=0xf7
}


/*---------------主函数--------------*/
main()
{
    init();                          //系统初始化
    while(1)
    {
        keyscan();                   //键扫描
    }
}
```

9.5 系统仿真及调试

  经过 Keil 软件编译后,在 Proteus 软件编辑环境中绘制仿真电路图,将编译好的.hex 文件加载到 AT89C51 单片机中,启动仿真,就可以看到仿真效果。加法仿真效果如图 9-9 所示,减法仿真效果如图 9-10 所示,除法仿真效果如图 9-11 所示。

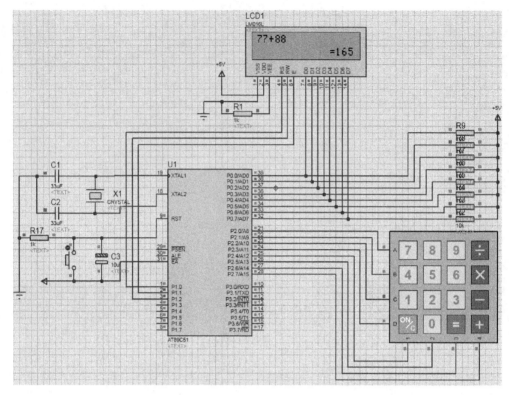

图 9-9　加法仿真效果

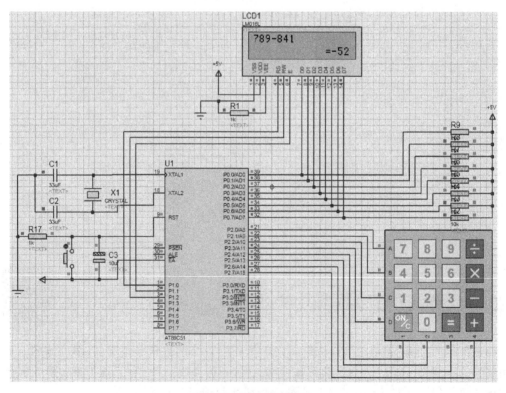

图 9-10　减法仿真效果

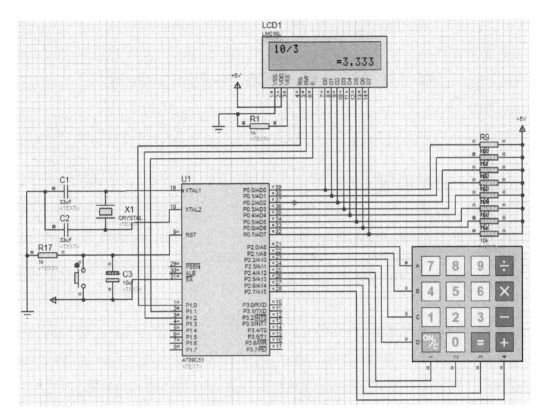

图 9-11　除法仿真效果

小贴示

早期的计算器为纯手动式,比如算盘,它起源于中国,是一种手动操作计算辅助工具,迄今已有近 300 年的历史,是中国古代的一项重要发明,这项发明为后来的计算科学的发展作出了自己的贡献。在阿拉伯数字出现前,算盘是使用非常多的计算工具。直到现在,算盘在亚洲和中东的部分地区仍然在使用。尽管已经进入电子计算器时代,但看一看古老的中国算盘,我们不能不钦佩祖先的智慧。

计算器一般由运算器、控制器、存储器、键盘、显示器、电源等通过人工或机器设备组成。其中,键盘是计算器的输入部件,一般采用接触式或传感式,为减小计算器的尺寸,一键常有多种功能。显示器是计算器的输出部件,有数码管显示器或液晶显示器等,除显示计算结果外,还常有溢出指示、错误指示等。

较高级的科学计算器或工程型计算器支持三角函数、统计与其他函数。而最先进的计算器甚至可显示图型,包含计算机代数系统,这种计算器可以编写程序,且内含代数方程式求解程序、经济模型甚至游戏程序。

第10章 电子万年历的设计

10.1 项目要求

设计一个电子万年历,要求实现以下基本功能。

(1) 能够对年、月、日、星期、时、分、秒进行计时并显示。

(2) 具有闰年补偿功能,能进行校时等操作。

10.2 方案论证

核心器件可采用 AT89C52 单片机,与晶振电路、复位电路和电源电路组建单片机最小系统。单片机最小系统与时钟电路、液晶显示电路和键盘接口电路共同构成电子万年历系统。利用电子万年历不仅可以对年、月、日、星期、时、分、秒进行计时并显示,而且还可以进行相应的设置和调整操作。电子万年历系统结构框图如图 10-1 所示。

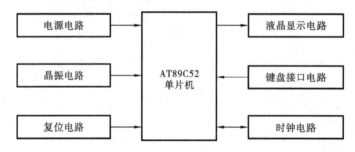

图 10-1 电子万年历系统结构框图

该电子万年历用 AT89C52 单片机中 P3 口的 P3.0、P3.1、P3.2 引脚控制独立按键,用 P3 口的 P3.4、P3.5、P3.6 引脚控制 DS1302 时钟电路,用 P2 口的 P2.5、P2.6、P2.7 引脚控制 LCD1602 的功能端。用 P0 口连接 LCD1602 的数据口。

10.3 系统硬件电路设计

电子万年历硬件电路由主控电路(单片机最小系统)、时钟电路、液晶显示电路和键盘接口电路四部分组成。图 10-2 所示为电子万年历的电路原理图。

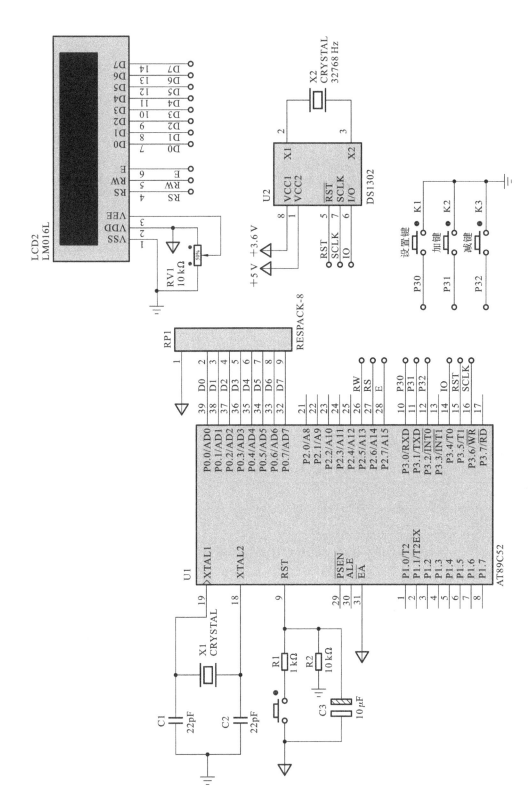

图 10-2　电子万年历的电路原理图

10.3.1　主控电路

电子万年历的单片机最小系统与第 5 章交通信号灯控制系统的单片机最小系统(见图 5-3)相同,在此不再赘述。

10.3.2　时钟电路

该电子万年历用串行时钟日历芯片 DS1302 来记录日历和时间。DS1302 是 DALLAS 公司推出的具有涓细电流充电功能的低功耗实时时钟芯片,它可以对年、月、日、星期、时、分、秒进行计时,还具有闰年补偿等多种功能,而且 DS1302 芯片的使用寿命长,误差小。DS1302 芯片有 12 个寄存器,其中有 7 个寄存器与日历、时钟相关,存放的数据位为 BCD 码形式,DS1302 芯片的日历、时间寄存器及其控制字如表 10-1 所示。

表 10-1　DS1302 芯片的日历、时间寄存器及其控制字

写寄存器	读寄存器	Bit7	Bit6	Bit5	Bit4	Bit3	Bit2	Bit1	Bit0
80H	81H	CH	10 秒				秒		
82H	83H		10 分				分		
84H	85H	12/$\overline{24}$	0	10 时 / $\overline{AM}$/PM	时		时		
86H	87H	0	0	10 日			日		
88H	89H	0	0	0	10 月		月		
8AH	8BH	0	0	0	0	0	星期		
8CH	8DH	10 年					年		
8EH	8FH	WP	0	0	0	0	0	0	0

此外,DS1302 芯片还有年份寄存器、控制寄存器、充电寄存器、时钟突发寄存器及与 RAM 相关的寄存器等。时钟突发寄存器可一次性顺序读/写除充电寄存器外的所有寄存器的内容。DS1302 芯片与 RAM 相关的寄存器分为两类:一类是单个 RAM 单元,共 31 个,每个单元组态为一个 8 位的字节,其命令控制字为 C0H~FDH,其中奇数为读操作,偶数为写操作;另一类为突发方式下的 RAM 寄存器,此方式下可一次性读/写所有 RAM 的 31 个字节,命令控制字为 FEH(写)、FFH(读)。DS1302 芯片的硬件电路如图 10-3 所示。

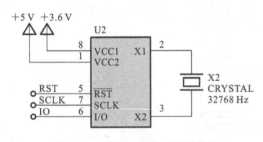

图 10-3　DS1302 芯片的硬件电路

10.3.3　液晶显示电路

字符型液晶显示模块是一种专门用于显示字母、数字、符号等的点阵式 LCD(液晶显示器

简称为 LCD),目前常用的有 $16 \times 1, 16 \times 2, 20 \times 2$ 和 40×2 等模块。该电子万年历的设计选用 LCD1602 液晶显示器,其主要技术参数如下。

显示容量:16×2 个字符。

芯片工作电压:4.5 V~5.5 V。

工作电流:2.0 mA(5.0 V)。

模块最佳工作电压:5.0 V。

字符尺寸:2.95 mm×4.35 mm(W×H)。

LCD1602 液晶显示器采用标准的 14 脚(无背光)或 16 脚(带背光)接口,各引脚接口说明如下。

第 1 脚:地或电源负极。

第 2 脚:VDD 接 5.0 V 正电源。

第 3 脚:VEE 为液晶显示器对比度调整端,接正电源时对比度最小,接地时对比度最大,对比度过大时会产生"鬼影",使用时可以通过一个 10 kΩ 的电位器调整对比度。

第 4 脚:RS 为寄存器选择端,高电平时选择数据寄存器,低电平时选择指令寄存器。

第 5 脚:RW 为读/写信号线,高电平时进行读操作,低电平时进行写操作。当 RS 和 RW 共同为低电平时,可以写入指令或者显示地址;当 RS 为低电平、RW 为高电平时,可以读忙信号;当 RS 为高电平、RW 为低电平时,可以写入数据。

第 6 脚:E 端为使能端,当 E 端由高电平跳变成低电平时,液晶模块执行命令。

第 7 脚~第 14 脚:D0~D7 为 8 位双向数据线。

第 15 脚:背光源正极。

第 16 脚:背光源负极。

LCD1602 液晶显示器与主控制器的连接硬件图,如图 10-4 所示。

10.3.4 键盘接口电路

当按键被按下时,该按键对应的 I/O 口被拉为低电平,当松开按键时,按键对应的 I/O 口由内部的上拉电阻将该 I/O 拉为高电平。该电子万年历的键盘接口电路由三个按键组成,分别是设置键、加键、减键,它们可用于调节日历和时间。键盘接口电路如图 10-5 所示。

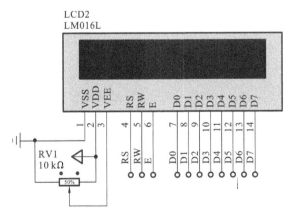

图 10-4 LCD1602 液晶显示器与主控制器的连接硬件图

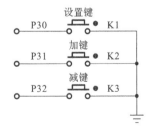

图 10-5 键盘接口电路

10.4　系统软件设计

电子万年历的功能是在程序控制下实现的。该系统的软件设计方法与硬件设计方法相对应,即按整体功能将系统分成多个不同的程序模块,分别对各个模块进行设计、编程和调试,最后通过主程序将各程序模块连接起来。这样有利于程序的修改和调试,增强了程序的可移植性。

10.4.1　主程序流程图

电子万年历主程序流程图如图 10-6 所示。

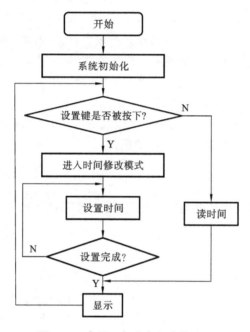

图 10-6　电子万年历主程序流程图

10.4.2　时钟程序流程图

DS1302 芯片开始计时,首先进行初始化,当有中断信号时,读取时钟芯片的时间数据,并将数据送入液晶显示电路。这时,若将设置键按下,则可进行时间的修改,完成后将时间数据送入 DS1302 芯片;若没有按下键,则将时间数据直接送入 EPROM,送入液晶显示电路。时钟程序流程图如图 10-7 所示。

10.4.3　显示程序流程图

首先对 LCD1602 液晶显示器进行初始化(大约持续 5 ms),然后检查忙信号,若 BF＝0,

则获得显示 RAM 地址,写入相应的数据并显示。若 BF＝1,则代表模块正在进行内部操作, 不接受任何外部指令和数据,直到 BF＝0 为止。显示程序流程图如图 10-8 所示。

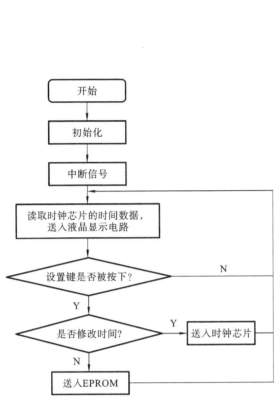

图 10-7　时钟程序流程图

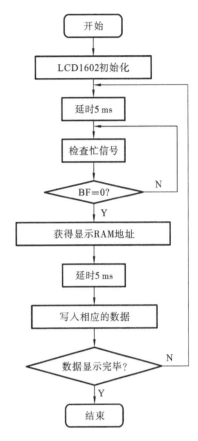

图 10-8　显示程序流程图

10.4.4　程序清单

程序清单运行示例,请扫描右侧二维码。

```
#include< reg51.h>            //头文件
#defineuint unsigned int      //宏定义
#defineuchar unsigned char    //宏定义

uchar a,miao,shi,fen,ri,yue,nian,week,key1n,temp,m;

//LCD 第 1 行的初始位置,因为 LCD1602 字符地址首位 D7 恒定为 1(100000000=80)
#defineyi 0x80

//LCD 第 2 行的初始位置,因为其第 2 行第 1 个字符的位置地址是 0x40
#define er 0x80+0x40

//液晶显示器与 C52 之间的引脚连接定义(显示数据线连接 C52 的 P0 口)
```

```
sbit rs=P2^6;                          //选择寄存器
sbit en=P2^7;                          //下降沿使能
sbit rw=P2^5;                          //读/写信号线

//DS1302 时钟芯片与 C52 之间的引脚连接定义
sbit IO=P3^4;                          //数据线
sbit SCLK=P3^6;
sbit RST=P3^5;
sbit ACC0=ACC^0;
sbit ACC7=ACC^7;

//校时按键与 C52 之间的引脚连接定义
sbit key1=P3^0;                        //设置键
sbit key2=P3^1;                        //加键
sbit key3=P3^2;                        //减键
uchar code tab1[]={"20  -  -  "};      //年显示的固定字符
uchar code tab2[]={"  :  :  "};        //时显示的固定字符

/*----------------xms 延时函数---------------- */
void delay(uint x)
{
    uint i,j;
    for(i=x;i>0;i--)
        for(j=125;j>0;j--);
}



/*----------------LCD1602 写入指令函数---------------- */
void write_1602com(uchar com)
{
    rs=0;                              //数据/指令选择,低电平置为指令
    rw=0;                              //读/写选择,低电平置为写
    P0=com;                            //送入数据
    delay(1);
    en=1;                              //拉高使能端,为制造有效的下降沿做准备
    delay(1);
    en=0;                              //en 由高变低,产生下降沿,液晶显示器执行命令
}

/*----------------LCD1602 写入数据函数---------------- */
void write_1602dat(uchar dat)
{
    rs=1;                              //数据/指令选择,高电平置为数据
    rw=0;                              //读/写选择,低电平置为写
    P0=dat;                            //送入数据
    delay(1);
    en=1;                              //en 置高电平,为制造下降沿做准备
```

```
        delay(1);
        en=0;                          //en 由高变低,产生下降沿,液晶显示器执行命令
}


/*----------------LCD1602 初始化子函数-------------- */
voidlcd_init()
{
    //设置液晶显示器工作模式,意思:16*2 行显示,5*7 点阵,8 位数据
    write_1602com(0x38);
    write_1602com(0x0c);               //开显示,不显示光标
    write_1602com(0x06);               //整屏不移动,光标自动右移
    write_1602com(0x01);               //清显示
    write_1602com(yi+1);               //日历显示固定符号,从第 1 行第 1 个位置之后开始显示
    for(a=0;a<14;a++)
    {
        write_1602dat(tab1[a]);    //向液晶显示器写日历显示的固定符号部分
        delay(3);
    }
    //时间显示固定符号写入位置,从第 1 行第 2 个位置后开始显示
    write_1602com(er+2);
    for(a=0;a<8;a++)
    {
        write_1602dat(tab2[a]);    //写入显示时间固定符号:两个冒号
        delay(3);
    }
}


/*--------------向 DS1302 写入一个字节-------------- */
voidwrite_byte(uchar dat)
{
    ACC=dat;
    RST=1;
    for(a=8;a>0;a--)
    {
        IO=ACC0;
        SCLK=0;                        //产生上升沿,写入数据,从低位写入
        SCLK=1;
        ACC=ACC>>1;
    }
}


/*--------------从 DS1302 读一个字节-------------- */
uchar read_byte()
{
    RST=1;
    for(a=8;a>0;a--)
    {
```

```
        ACC7=IO;
        SCLK=1;                          //产生下降沿,输出数据,先输出低位,保存到 ACC 中
        SCLK=0;
        ACC=ACC>>1;
    }
    return (ACC);
}


/*--------------向 DS1302 写入函数,指定写入地址及数据------------ */
void write_1302(uchar add,uchar dat)
{
    RST=0;
    SCLK=0;
    RST=1;
    write_byte(add);
    write_byte(dat);
    SCLK=1;
    RST=0;
}


/*-----------从 DS1302 读数据函数,指定读取数据来源的地址---------- */
uchar read_1302(uchar add)
{
    uchar temp;
    RST=0;
    SCLK=0;
    RST=1;
    write_byte(add);
    temp=read_byte();
    SCLK=1;
    RST=0;
    return(temp);
}


/*-----------BCD 码转十进制数,输入 BCD 码,返回十进制-------- */
uchar BCD_Decimal(uchar bcd)        //
{
    uchar Decimal;
    Decimal=bcd>>4;
    return(Decimal=Decimal* 10+ (bcd&=0x0F));
}


/*------DS1302 时钟芯片的初始化子函数 (2023-05-21,23:59:50,week7)------ */
void ds1302_init()                   //
{
    RST=0;
```

```
    SCLK=0;
    write_1302(0x8e,0x00);          //允许写,禁止写保护
    write_1302(0x80,0x50);          //向 DS1302 内的写秒寄存器 80H 写入初始秒数据 50
    write_1302(0x82,0x59);          //向 DS1302 内的写分寄存器 82H 写入初始分数据 59
    write_1302(0x84,0x23);          //向 DS1302 内的写时寄存器 84H 写入初始时数据 23
    write_1302(0x8a,0x07);          //向 DS1302 内的写星期寄存器 8aH 写入初始星期数据 7
    write_1302(0x86,0x21);          //向 DS1302 内的写日寄存器 86H 写入初始日数据 21
    write_1302(0x88,0x05);          //向 DS1302 内的写月寄存器 88H 写入初始月数据 05
    write_1302(0x8c,0x23);          //向 DS1302 内的写年寄存器 8cH 写入初始年数据 23
    write_1302(0x8e,0x80);          //打开写保护
}


/*-------------时、分、秒、显示子函数-------- */
//向 LCD 写时、分、秒,有显示位置加数和显示数据两个参数
voidwrite_sfm(uchar add,uchar dat)
{
    uchar gw,sw;
    gw=dat%10;                      //取得个位数字
    sw=dat/10;                      //取得十位数字
    write_1602com(er+add);          //er 是头文件规定的值 0x80+0x40
    write_1602dat(0x30+sw);         //数字+30 得到该数字的 LCD1602 显示码
    write_1602dat(0x30+gw);         //数字+30 得到该数字的 LCD1602 显示码
}


/*------------------年、月、日显示子函数------------- */
//向 LCD 写年、月、日,有显示位置加数和显示数据两个参数
voidwrite_nyr(uchar add,uchar dat)
{
    uchar gw,sw;
    gw=dat%10;                      //取得个位数字
    sw=dat/10;                      //取得十位数字
    write_1602com(yi+add);          //设定显示位置为第一个位置+add
    write_1602dat(0x30+sw);         //数字+30 得到该数字的 LCD1602 显示码
    write_1602dat(0x30+gw);         //数字+30 得到该数字的 LCD1602 显示码
}


/*--------------写星期函数------------ */
voidwrite_week(uchar week)
{
    write_1602com(yi+0x0c);              //星期字符的显示位置
    switch(week)
    {
        case 1: write_1602dat('M');      //星期数据为 1 时显示
                write_1602dat('O');
                write_1602dat('N');
```

```
                break;
    case 2: write_1602dat('T');     //星期数据为 2 时显示
            write_1602dat('U');
            write_1602dat('E');
            break;
    case 3: write_1602dat('W');     //星期数据为 3 时显示
            write_1602dat('E');
            write_1602dat('D');
            break;
    case 4: write_1602dat('T');     //星期数据为 4 是显示
            write_1602dat('H');
            write_1602dat('U');
            break;
    case 5: write_1602dat('F');     //星期数据为 5 时显示
            write_1602dat('R');
            write_1602dat('I');
            break;
    case 6: write_1602dat('S');     //星期数据为 6 时显示
            write_1602dat('T');
            write_1602dat('A');
            break;
    case 7: write_1602dat('S');     //星期数据为 7 时显示
            write_1602dat('U');
            write_1602dat('N');
            break;
        }
    }


/*--------------键盘扫描子函数-------------- */
voidkeyscan()
{
    if(key1==0)                     //设置键 (功能键) key1
    {
        delay(10);                  //延时,用于消抖
        if(key1==0)                 //延时后,再次确认按键被按下
        {
            while(!key1);
            key1n++;
            if(key1n==9)

            //设置按键有秒、分、时、星期、日、月、年和返回,8 个功能循环
            key1n=1;

            switch(key1n)
            {
```

```
        case 1: TR0=0;                                        //关闭定时器
                //设置按键按动 1 次,miao 位置显示光标
                write_1602com(er+0x09);
                write_1602com(0x0f);                          //设置光标为闪烁
                temp=(miao)/10* 16+(miao)%10;                 //秒数据写入 DS1302
                write_1302(0x8e,0x00);
                write_1302(0x80,0x80|temp);                   //miao
                write_1302(0x8e,0x80);
                break;
        case 2: write_1602com(er+6);                          //按动 2 次,fen 位置显示光标
                write_1602com(0x0f);
                break;
        case 3: write_1602com(er+3);                          //按动 3 次,shi 位置显示光标
                write_1602com(0x0f);
                break;
        case 4: write_1602com(yi+0x0e);                       //按动 4 次,week 位置显示光标
                write_1602com(0x0f);
                break;
        case 5: write_1602com(yi+0x0a);                       //按动 5 次,ri 位置显示光标
                write_1602com(0x0f);
                break;
        case 6: write_1602com(yi+0x07);                       //按动 6 次,yue 位置显示光标
                write_1602com(0x0f);
                break;
        case 7: write_1602com(yi+0x04);                       //按动 7 次,nian 位置显示光标
                write_1602com(0x0f);
                break;
        case 8: write_1602com(0x0c);                          //按动 8 次,设置光标不闪烁
                TR0=1;                                        //打开定时器
                temp=(miao)/10* 16+(miao)%10;
                write_1302(0x8e,0x00);
                write_1302(0x80,0x00|temp);                   //miao 数据写入 DS1302
                write_1302(0x8e,0x80);
                break;
        }
    }
}
if(key1n!=0)                                  //按下 key1,再按以下键才有效 (按键次数不等于零)
{
    if(key2==0)                                              //加键 (上调键) key2
    {
        delay(10);
        if(key2==0)
        {
            while(!key2);
```

```
switch(key1n)
{
    case 1: miao++;                              //设置键按动 1 次,调秒
            if(miao==60)
            miao=0;                              //秒超过 59,再加 1,就归零
            //令 LCD 在正确位置显示"加"设定好的秒数据
            write_sfm(0x08,miao);
            //十进制数转换成 DS1302 要求的 BCD 码
            temp=(miao)/10* 16+ (miao)%10;
            write_1302(0x8e,0x00);               //允许写,禁止写保护
    //向 DS1302 内的写秒寄存器 80H 写入调整后的秒数据 BCD 码
            write_1302(0x80,temp);
            write_1302(0x8e,0x80);               //打开写保护
            //因为设置液晶显示器的模式是写入数据后
            //光标自动右移,所以要指定返回
            write_1602com(er+0x09);
            write_1602com(0x0b);
            break;
    case 2: fen++;
            if(fen==60)
            fen=0;
            //令 LCD 在正确位置显示"加"设定好的分数据
            write_sfm(0x05,fen);
            //十进制数转换成 DS1302 要求的 BCD 码
            temp=(fen)/10*16+ (fen)%10;
            write_1302(0x8e,0x00);               //允许写,禁止写保护
    //向 DS1302 内的写分寄存器 82H 写入调整后的分数据 BCD 码
            write_1302(0x82,temp);
            write_1302(0x8e,0x80);               //打开写保护
            //因为设置液晶的模式是写入数据后
            //指针自动加一,在这里是写回原来的位置
            write_1602com(er+6);
            break;
    case 3: shi++;
            if(shi==24)
            shi=0;
            //令 LCD 在正确的位置显示"加"设定好的时数据
            write_sfm(2,shi);
            //十进制数转换成 DS1302 要求的 BCD 码
            temp=(shi)/10* 16+ (shi)%10;
            write_1302(0x8e,0x00);               //允许写,禁止写保护
    //向 DS1302 内的写时寄存器 84H 写入调整后的时数据 BCD 码
            write_1302(0x84,temp);
            write_1302(0x8e,0x80);               //打开写保护
            //因为设置液晶显示器的模式是写入数据后
```

```
        //指针自动加一,所以需要光标回位
        write_1602com(er+3);
        break;
case 4: week++;
        if(week==8)
        week=1;
        //指定"加"后的星期数据显示位置
        write_1602com(yi+0x0C);
        write_week(week);              //指定星期数据显示内容
        //十进制数转换成 DS1302 要求的 BCD 码
        temp=(week)/10*16+(week)%10;
        write_1302(0x8e,0x00);         //允许写,禁止写保护
//向 DS1302 内的写星期寄存器 8aH 写入调整后的星期数据 BCD 码
        write_1302(0x8a,temp);
        write_1302(0x8e,0x80);         //打开写保护
        //因为设置液晶显示器的模式是写入数据后
        //指针自动加一,所以需要光标回位
        write_1602com(yi+0x0e);
        break;
case 5: ri++;
        if((ri==30)&&(yue==2)&&(nian%4==0)) ri=1;
        if((ri==29)&&(yue==2)&&(nian%4!=0)) ri=1;

        if((ri==31)&&((yue==4)||(yue==6)||(yue==9)
        ||(yue==11))) ri=1;

        if((ri==32)&&((yue==1)||(yue==3)||(yue==5)
        ||(yue==7)||(yue==8)||(yue==10)||(yue==12)))
        ri=1;
        //令 LCD 在正确的位置显示"加"设定好的日数据
        write_nyr(9,ri);
        //十进制数转换成 DS1302 要求的 BCD 码
        temp=(ri)/10*16+(ri)%10;
        write_1302(0x8e,0x00);         //允许写,禁止写保护
//向 DS1302 内的写日寄存器 86H 写入调整后的日数据 BCD 码
        write_1302(0x86,temp);
        write_1302(0x8e,0x80);         //打开写保护
        //因为设置液晶显示器的模式是写入数据后
        //指针自动加一,所以需要光标回位
        write_1602com(yi+10);
        break;
case 6: yue++;
        if(yue==13)
        yue=1;
        //令 LCD 在正确的位置显示"加"设定好的月数据
```

```
                              write_nyr(6,yue);
                              //十进制数转换成 DS1302 要求的 BCD 码
                              temp= (yue)/10*16+ (yue)%10;
                              write_1302(0x8e,0x00);              //允许写,禁止写保护
                      //向 DS1302 内的写月寄存器 88H 写入调整后的月数据 BCD 码
                              write_1302(0x88,temp);
                              write_1302(0x8e,0x80);              //打开写保护
                              //因为设置液晶显示器的模式是写入数据后
                              //指针自动加一,所以需要光标回位
                              write_1602com(yi+7);
                              break;
                      case 7: nian++;
                              if(nian==100)
                              nian=0;
                              //令 LCD 在正确的位置显示"加"设定好的年数据
                              write_nyr(3,nian);
                              //十进制数转换成 DS1302 要求的 BCD 码
                              temp= (nian)/10*16+ (nian)%10;
                              write_1302(0x8e,0x00);              //允许写,禁止写保护
                      //向 DS1302 内的写年寄存器 8cH 写入调整后的年数据 BCD 码
                              write_1302(0x8c,temp);
                              write_1302(0x8e,0x80);              //打开写保护
                              //因为设置液晶显示器的模式是写入数据后
                              //指针自动加一,所以需要光标回位
                              write_1602com(yi+4);
                              break;
                      }
                  }
              }

      if(key3==0)                                    //减键 key3,各句功能参照"加键"注释
      {
          delay(10);                                 //延时,用于消抖
          if(key3==0)
          {
              while(!key3);
              switch(key1n)
              {
                  case 1: miao--;
                          if(miao==-1)
                          miao=59;                   //秒数据减到-1 时,自动变成 59
                          //在 LCD 的正确位置显示改变后的新的秒数
                          write_sfm(0x08,miao);
                          //十进制数转换成 DS1302 要求的 BCD 码
                          temp= (miao)/10*16+ (miao)%10;
```

```
                write_1302(0x8e,0x00);        //允许写,禁止写保护
       //向 DS1302 内的写秒寄存器 80H 写入调整后的秒数据 BCD 码
                write_1302(0x80,temp);
                write_1302(0x8e,0x80);        //打开写保护
       //因为设置液晶显示器的模式是写入数据后
       //指针自动加一,在这里是写回原来的位置
                write_1602com(er+0x09);
                write_1602com(0x0b);
                break;
case 2: fen--;
                if(fen==-1)
                fen=59;
                write_sfm(5,fen);
       //十进制数转换成 DS1302 要求的 BCD 码
                temp=(fen)/10*16+(fen)%10;
                write_1302(0x8e,0x00);        //允许写,禁止写保护
       //向 DS1302 内的写分寄存器 82H 写入调整后的分数据 BCD 码
                write_1302(0x82,temp);
                write_1302(0x8e,0x80);        //打开写保护
       //因为设置液晶显示器的模式是写入数据后
       //指针自动加一,在这里是写回原来的位置
                write_1602com(er+6);
                break;
case 3: shi--;
                if(shi==-1)
                shi=23;
                write_sfm(2,shi);
       //十进制数转换成 DS1302 要求的 BCD 码
                temp=(shi)/10*16+(shi)%10;
                write_1302(0x8e,0x00);        //允许写,禁止写保护
       //向 DS1302 内的写时寄存器 84H 写入调整后的时数据 BCD 码
                write_1302(0x84,temp);
                write_1302(0x8e,0x80);        //打开写保护
       //因为设置液晶显示器的模式是写入数据后
       //指针自动加一,所以需要光标回位
                write_1602com(er+3);
                break;
case 4: week--;
                if(week==0)
                week=7;
       //指定"加"后的星期数据显示位置
                write_1602com(yi+0x0C);
                write_week(week);             //指定星期数据显示内容
       //十进制数转换成 DS1302 要求的 BCD 码
                temp=(week)/10*16+(week)%10;
```

```
                write_1302(0x8e,0x00);        //允许写,禁止写保护
//向 DS1302 内的写星期寄存器 8aH 写入调整后的星期数据 BCD 码
                write_1302(0x8a,temp);
                write_1302(0x8e,0x80);        //打开写保护
                //因为设置液晶显示器的模式是写入数据后
                //指针自动加一,所以需要光标回位
                write_1602com(yi+0x0e);
                break;
    case 5: ri--;
                if((ri==0)&&(yue==2)&&(nian%4==0)) ri=29;
                if((ri==0)&&(yue==2)&&(nian%4!=0)) ri=28;
                if((ri==0)&&((yue==4)||(yue==6)||(yue==9)||
                (yue==11))) ri=30;
                if((ri==0)&&((yue==1)||(yue==3)||(yue==5)||(yue==7)
                ||(yue==8)||(yue==10)||(yue==12))) ri=31;
                write_nyr(9,ri);
                //十进制数转换成 DS1302 要求的 BCD 码
                temp=(ri)/10*16+(ri)%10;
                write_1302(0x8e,0x00);        //允许写,禁止写保护
                //向 DS1302 内的写日寄存器 86H 写入调整后的日数据 BCD 码
                write_1302(0x86,temp);
                write_1302(0x8e,0x80);        //打开写保护
                //因为设置液晶显示器的模式是写入数据后
                //指针自动加一,所以需要光标回位
                write_1602com(yi+10);
                break;
    case 6: yue--;
                if(yue==0)
                yue=12;
                write_nyr(6,yue);

                //十进制数转换成 DS1302 要求的 BCD 码
                temp=(yue)/10*16+(yue)%10;
                write_1302(0x8e,0x00);        //允许写,禁止写保护
                //向 DS1302 内的写月寄存器 88H 写入调整后的月数据 BCD 码
                write_1302(0x88,temp);
                write_1302(0x8e,0x80);        //打开写保护
                //因为设置液晶显示器的模式是写入数据后
                //指针自动加一,所以需要光标回位
                write_1602com(yi+7);
                break;
    case 7: nian--;
                if(nian==-1)
                nian=99;
                write_nyr(3,nian);
```

```
                          //十进制数转换成 DS1302 要求的 BCD 码
                          temp= (nian)/10*16+ (nian)%10;
                          write_1302(0x8e,0x00);      //允许写,禁止写保护
                          //向 DS1302 内的写年寄存器 8cH 写入调整后的年数据 BCD 码
                          write_1302(0x8c,temp);
                          write_1302(0x8e,0x80);      //打开写保护
                          //因为设置液晶显示器的模式是写入数据后
                          //指针自动加一,所以需要光标回位
                          write_1602com(yi+4);
                          break;
                   }
               }
           }
       }
}


/*----------------定时器、计数器 T0 初始化函数------------- */
void timer0_init()
{
    TMOD= 0x01;                          //指定定时器、计数器 T0 为工作方式 1
    TH0= 0;                              //定时器 T0 的高八位=0
    TL0= 0;                              //定时器 T0 的低八位=0
    EA=1;                                //开放总中断
    ET0=1;                               //允许 T0 中断
    TR0=1;                               //启动定时器
}


/*----------------主函数--------------- */
void main()
{
    lcd_init();                          //调用 LCD1602 初始化子函数
    ds1302_init();                       //调用 DS1302 时钟芯片的初始化子函数
    timer0_init();                       //调用定时器、计数器的初始化函数
    while(1)                             //无限循环下面的语句
    {
        keyscan();                       //调用键盘扫描子函数
    }
}


/*----------------取得并显示日历和时间------------- */
void timer0() interrupt 1
{
    miao=BCD_Decimal(read_1302(0x81));
    fen=BCD_Decimal(read_1302(0x83));
    shi=BCD_Decimal(read_1302(0x85));
    ri  =BCD_Decimal(read_1302(0x87));
```

```
        yue=BCD_Decimal(read_1302(0x89));
        nian=BCD_Decimal(read_1302(0x8d));
        week=BCD_Decimal(read_1302(0x8b));

        //秒,从第2行第8个字符后开始显示(调用时、分、秒显示子函数)
        write_sfm(8,miao);
        write_sfm(5,fen);                        //分,从第2行第5个字符后开始显示
        write_sfm(2,shi);                        //时,从第2行第2个字符后开始显示

        //显示日、月、年数据:
        write_nyr(9,ri);                         //日,从第2行第9个字符后开始显示
        write_nyr(6,yue);                        //月,从第2行第6个字符后开始显示
        write_nyr(3,nian);                       //年,从第2行第3个字符后开始显示
        write_week(week);
    }
```

10.5 系统仿真及调试

10.5.1 系统启动时的仿真

系统开始运行时,LCD1602液晶显示器当前的显示为:2023年05月21日,星期日,23时59分50秒。系统启动时的仿真效果如图10-9所示。

10.5.2 按键功能测试的仿真

当按下设置键时,LCD1602液晶显示器显示光标移动的位置。当第一次按下设置键时,光标默认定位在秒的位置,然后继续按下设置键,光标将从右到左、从下到上依次按照秒、分、时、星期、日、月、年的顺序显示在它们的位置上,等待调整。

例如,将光标移动至日的位置,表示此时正在调整日期。如果此时按下加键,则数字增大;如果此时按下减键,则数字减小。当调整好,再次按下设置键时,光标将会移动至下一个月所在的位置,等待调整,如果不需要调整,则继续按下设置键,直到最后一个年的位置,退出设置。按键功能测试的仿真效果如图10-10所示。

10.5.3 闰年补偿功能测试的仿真

第一次,先按下设置键,再按下加键或减键,将年调整至"2000";第二次,先按下设置键,再按下加键或减键,将月调整至"02";第三次,先按下设置键,再按下加键或减键,将日调整至"29"。计时并观察,当02月29日的时、分、秒由23时59分53秒跳转至次日的00时00分00秒时,年、月、日将由2000年02月29日跳转为2000年03月01日,即实现了闰年补偿功能。闰年补偿功能测试的仿真效果如图10-11所示。

其他功能,如自动识别大月31天、小月30天等功能,均可以实现,在此不再赘述。

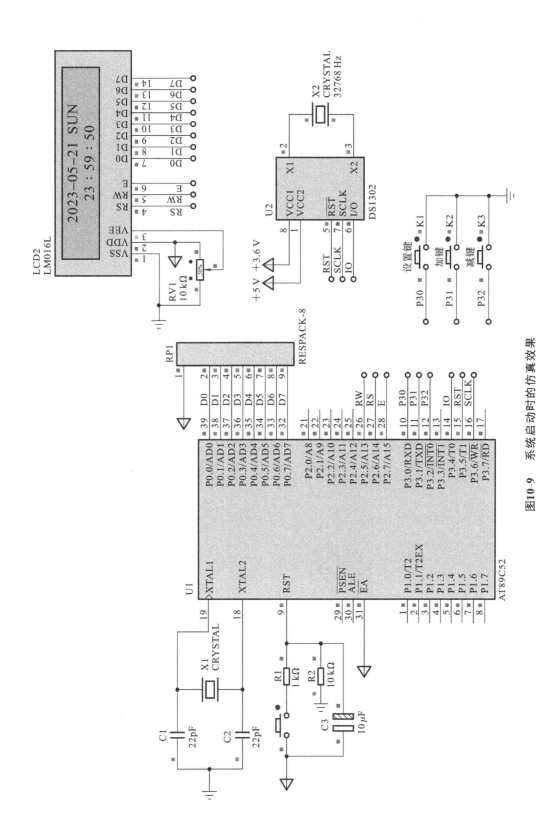

图10-9 系统启动时的仿真效果

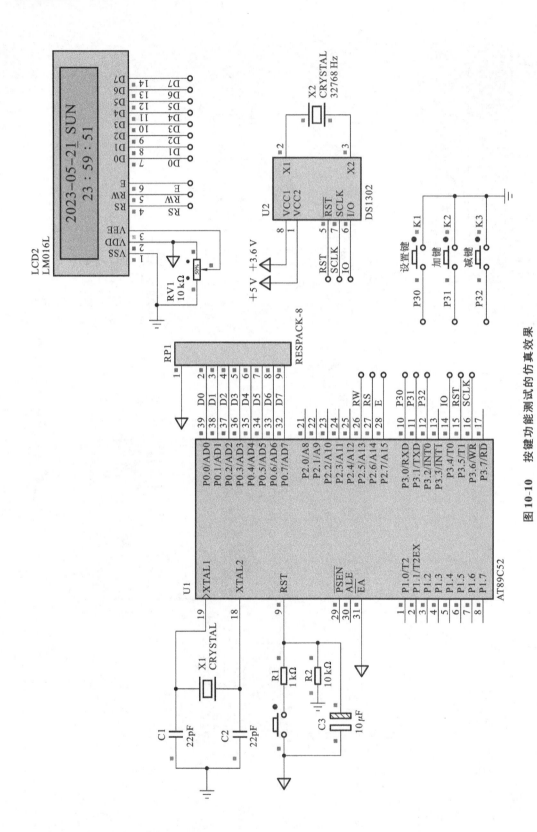

图 10-10　按键功能测试的仿真效果

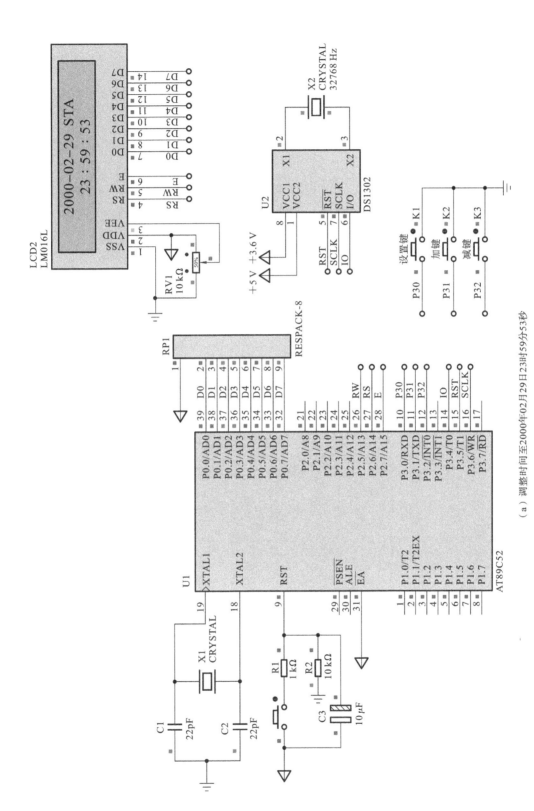

（a）调整时间至2000年02月29日23时59分53秒

图 10-11　闰年补偿功能测试的仿真效果

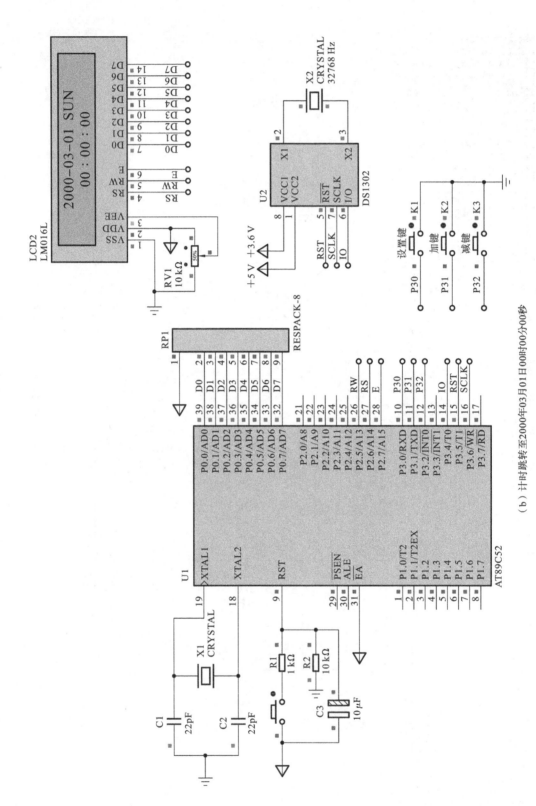

（b）计时跳转至2000年03月01日00时00分00秒

续图 10-11

小贴示

电子万年历是 20 世纪 90 年代初期发明的一种电子设备,它集成了日历、时钟、闹钟、计算器等多种功能。电子万年历的由来可以追溯到 20 世纪 80 年代初期,当时日本的卡西欧公司和美国的泰克公司先后推出了手持式电子计算器和数字手表,这些产品引起了广泛关注。

随着科技的不断进步,人们对于便携式电子设备的需求也越来越高。为了满足人们对于更加实用、功能更加全面的电子设备的需求,一些厂商开始研发集成多种功能的电子设备,其中就包括电子万年历。

最早的电子万年历主要由日本的企业开发制造,并在日本市场上大获成功。随着时间的推移,这种便捷实用的设备逐渐传播到全球各地,并得到了广泛应用。

电子万年历的种类繁多,根据功能和外观形式的不同,可以分为以下几类。

手持式电子万年历:这种电子万年历通常体积较小,重量较轻,便于携带。它们通常集成了日历、时钟、闹钟、计算器等多种功能。

桌面式电子万年历:这种电子万年历通常比手持式更大一些,适合放在桌面上使用。它们通常具有更加丰富的功能,例如温度计、湿度计等。

壁挂式电子万年历:这种电子万年历适合安装在墙壁上。它们通常具有较大的显示屏和丰富的功能,例如天气预报、倒计时等。

手表式电子万年历:这种电子万年历集成在手表中,既方便携带,又实用。它们通常具有日历、时钟、闹钟等基本功能,并可选择添加其他附加功能。

APP 形式的电子万年历:随着智能手机应用程序的发展,现在也有很多 APP 形式的电子万年历。用户可以通过下载软件来使用这些功能强大且易于操作的应用程序。

第 11 章 电子密码锁的设计

11.1 项目要求

设计一款电子密码锁,要求实现以下功能。

(1) 设置 6 位密码,密码通过键盘输入,若密码输入正确,则将锁打开,若密码输入错误,显示器会出现错误提示,若密码输入错误次数达到 3 次,则蜂鸣器报警,并且锁定键盘 3 分钟。

(2) 密码(6 位数字密码)可以由用户自己设定或修改,修改密码之前必须输入原密码,修改密码需要二次确认,以防误操作。

(3) 修改密码后能通过复位电路恢复成原密码。

(4) 具有保存密码功能,支持复位保存和掉电保存。

11.2 方案论证

本系统主要由单片机、矩阵键盘、密码存储和液晶显示器等部分组成。其中矩阵键盘用于输入数字密码和各种功能的实现。由用户通过连接单片机的矩阵键盘输入密码后,单片机对用户输入的密码与自己保存的密码进行对比,从而判断密码是否正确,然后控制引脚的高低电平传到开锁电路或者报警电路,实现开锁或报警的控制。实际使用时,只要将单片机的负载由继电器换为电子密码锁的电磁铁吸合线圈即可。电子密码锁系统结构框图如图 11-1 所示。

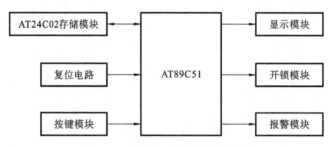

图 11-1 电子密码锁系统结构框图

11.3 系统硬件电路设计

电子密码锁电路原理图如图 11-2 所示。由 AT89C51 单片机、时钟电路和复位电路构成单片机最小系统。键盘控制电路主要由 4×4 矩阵键盘构成,减少了单片机 I/O 口的数量。矩阵键盘采用行列扫描法读取键值,密码储存功能采用 AT24C02 数据存储芯片来实现,显示电路采用常见的 LCD1602 液晶显示器。电路的主要构成部分还有密码锁的手动复位电路、报警电路、指示电路和开锁电路等。

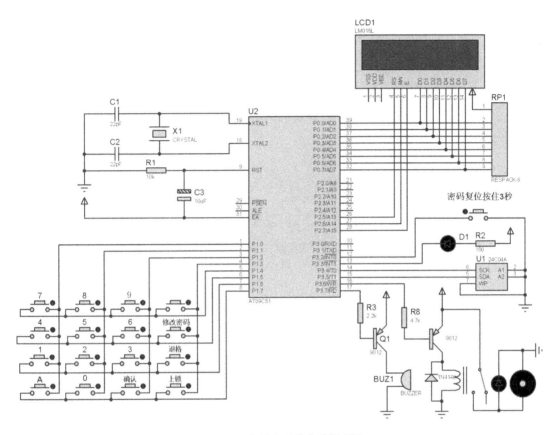

图 11-2　电子密码锁电路原理图

11.3.1　按键电路

单片机系统中,若使用按键较多时,通常采用矩阵键盘,将按键排列成矩阵的方式,采用逐行或者逐列扫描,就可以读出按键的状态。

矩阵键盘又称行列键盘,本系统采用由 4 条 I/O 线 P1.0～P1.3 引脚作为列线、4 条 I/O 线 P1.4～P1.7 引脚作为行线组成的键盘,在行线和列线的每个交叉点上设置一个按键,按键电路如图 11-3 所示。这样键盘上按键的个数就为 4×4 个,这种行列式键盘结构能有效地提高单片机系统中 I/O 口的利用率。

11.3.2　存储电路

密码存储功能采用 AT24C02 数据存储芯片来实现,存储电路如图 11-4 所示。串行 E2PROM 是基于 I2C-BUS 的存储器件,其遵循二线制协议,由于其具有接口方便、体积小、数据掉电不丢失等特点，在仪器、仪表以及工业自动化控制中得到了大量的应用。

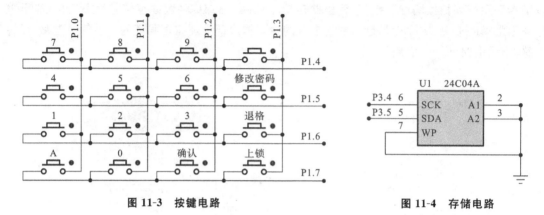

图 11-3　按键电路　　　　　　　　　　　图 11-4　存储电路

11.3.3　复位电路

本设计采用的是外部手动按键复位电路，密码复位电路如图 11-5 所示。当需要复位成初始密码时，长按复位按键 3 秒即可通过外部中断 0 复位密码。

11.3.4　显示电路

本系统采用常见的 LCD1602 液晶显示器作为显示模块，LCD1602 液晶显示器是一种字符型液晶显示器，专门用于显示字母、数字、符号等的点阵式液晶显示器。LCD1602 液晶显示器的显示容量为 16×2 个字符（可以显示 2 行，每行显示 16 个字符），芯片工作电压为 4.5 V～5.5 V，工作电流为 2.0 mA（5.0 V），模块最佳工作电压是 5.0 V。

LCD1602 液晶显示器有 16 个引脚，主要通过编写程序控制 LCD1602 液晶显示器序号为 4、5、6 的引脚来实现数据或者指令的写入和执行，再通过数据或者指令的写入和执行来进一步实现 LCD1602 液晶显示器的显示功能。在仿真库中用 LM016L 代替 LCD602 液晶显示器，显示电路如图 11-6 所示。

11.3.5　报警电路

本系统通过控制蜂鸣器的发音来实现系统的报警功能，蜂鸣器是一种采用直流电压供电的电子讯响器。

本系统通过 P3.7 引脚控制蜂鸣器，输入密码错误 3 次，系统会自动报警，蜂鸣器会启动，报警电路如图 11-7 所示。

11.3.6　开锁电路

本系统使用继电器驱动电机开锁，开锁电路如图 11-8 所示。当输入密码正确时，开锁电路执行开关动作。

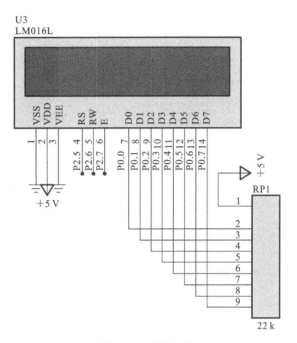

图 11-6 显示电路

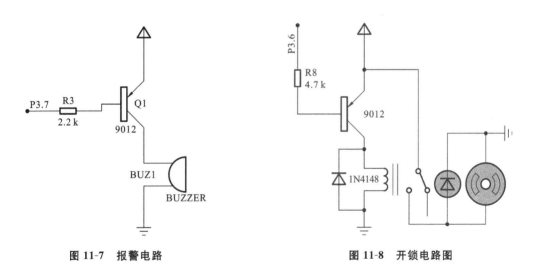

图 11-7 报警电路

图 11-8 开锁电路图

11.4 系统软件设计

11.4.1 系统主程序设计流程图

本系统程序设计部分主要是日常的密码输入开锁,通过对按键键值的读取来判断密码是否正确,如果密码正确,则指示灯亮且开锁,若密码错误,则提示重新输入密码,输错 3 次则报警且锁屏。电子密码锁主程序设计流程图如图 11-9 所示。

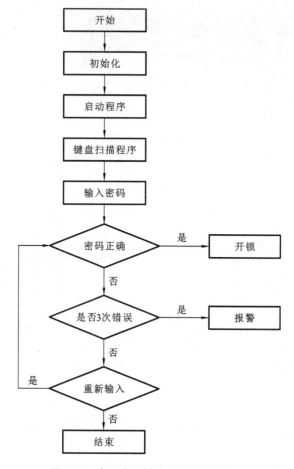

图 11-9 电子密码锁主程序设计流程图

11.4.2 程序清单

程序清单运行示例,请扫描右侧二维码。

```
#include<REGX51.H>
#include<intrins.h>

#define uchar unsigned char
#define uint unsigned int
#define A 0x0a                          //输入密码
#define B 0x0b                          //修改密码
#define D 0x0d                          //关锁
#define enter 0x0c                      //确认
#define backspace 0x0f                  //退格键
#define JPJK P1                         //定义键盘的接口
#define DATA P0                         //液晶数据口
```

```c
uchar idata mima_5[6]={0,0,0,0,0,0};                    //初始密码
uchar flag_change,kk;
uchar aa;                                              //存放密码错误的次数,达 3 次则报警
uchar bb;
uchar flag_t0;
uchar readbyte();                                      //读一个字节

sbit baojing=P3^7;                                     //蜂鸣器接口
sbit lock=P3^3;                                        //锁信号
sbit set=P3^2;
sbit jdq=P3^6;                                         //锁开关
sbit SDA=P3^5;                                         //数据线接口
sbit SCL=P3^4;                                         //时钟线接口
sbit lcden=P2^7;                                       //液晶使能
sbit lcdrs=P2^5;                                       //数据命令选择
sbit lcdwr=P2^6;                                       //读/写控制
sbit dula=P2^6;                                        //U1 锁存器锁存端,可不要
sbit wela=P2^7;                                        //U2 锁存器锁存端,可不要


void baoj1();
uchar keyscan();//返回键盘值 1 到 15
void delay_ms(unsigned int);
void write_com(unsigned char com);                     //向液晶写命令
void write_data(unsigned char date);                   //向液晶写数据
void lcd_pos(unsigned char x,unsigned char y);
//设置液晶显示位置,x=0 为第 1 行,1 为第 2 行,y 为偏移距离
void write_1_char(unsigned char zifu);                 //写一个字符
void write_n_char(unsigned char * string);             //向液晶写 n 个字符
void yjinit();                                         //液晶初始化
void delay();                                          //晶振 11.0592 MHz 时延时 6 μs
void i2cinit();                                        //总线初始化
void start();                                          //启动信号
void stop();                                           //停止信号
void respons();                                        //应答信号
void writebyte(unsigned char date);                    //写一个字节
void write_add(unsigned char address,unsigned char date);      //向地址写一个字节数据
uchar read_add(unsigned char address);                 //向地址读一个字节数据
void write_n_add(unsigned char*p,unsigned char address,unsigned char n);
//向地址写 n 个字节数据,数据存放在指针指向的数组中
void read_n_add(unsigned char*p,unsigned char address,unsigned char n);
//向地址读 n 个字节数据,数据存放在指针指向的数组中

void delay_ms(unsigned int x)
{
    unsigned int i,j;
```

```
    for(i=0;i<x; i++)
    for(j=0; j<110; j++);
}


void delay()
{
    ;;
}


/*--------------报警函数--------------*/
void baoj1()
{
    int i;
    for(i=0;i<5;i++)
    {
        delay_ms(3);
    }
}
void baoj()
{
    uchar i;
    baojing=0;
    for(i=0;i<10;i++)
    baoj1();
    baojing=1;
    for(i=0;i<8;i++)
    baoj1();
}


/*--------------总线初始化--------------*/
void i2cinit()
{
    SDA=1;
    delay();
    SCL=1;
    delay();
}


/*--------------启动信号--------------*/
void start()
{
    SDA=1;
    SCL=1;
    delay();
    SDA=0;
```

```
    delay();
}

/*--------------停止信号--------------*/
void stop()
{
    SDA=0;
    delay();
    SCL=1;
    delay();
    SDA=1;
    delay();
}

/*--------------应答信号--------------*/
void respons()
{
    unsigned char i=0;
    SCL=1;
    delay();
    while(SDA==1 && i<255)                    //等待应答,若过一段时间不应答,则退出循环
    i++;
    SCL=0;
    delay();
}

/*--------------写一个字节--------------*/
void writebyte(unsigned char date)
{
    unsigned char i,temp;
    temp=date;
    for(i=0;i<8;i++)
    {
        temp<<=1;                             //temp左移一位后高位进CY
        SCL=0;
        delay();
        SDA=CY;
        delay();
        SCL=1;
        delay();
    }
    SCL=0;                                    //应答信号中SCL=1,所以这里要置0
    delay();
    SDA=1;                                    //用完要释放数据总线
    delay();
```

```
}

/*---------------读一个字节---------------*/
unsigned char readbyte()
{
    unsigned char i,k;
    SCL=0;
    delay();
    SDA=1;
    for(i=0;i<8;i++)
    {
        SCL=1;
        delay();
        k=(k<<1) | SDA;                    //与最低位或,一位一位送到 K
        SCL=0;
        delay();
    }
    delay();
    return k;
}

/*---------------向地址写一个字节数据---------------*/
void write_add(unsigned char address,unsigned char date)
{
    start();
    writebyte(0xa0);
    respons();
    writebyte(address);
    respons();
    writebyte(date);
    respons();
    stop();
}

/*---------------向地址读一个字节数据---------------*/
unsigned char read_add(unsigned char address)
{
    unsigned char date;
    start();
    writebyte(0xa0);
    respons();
    writebyte(address);
    respons();
    start();
    writebyte(0xa1);
```

```
    respons();
    date=readbyte();
    stop();
    return date;
}
/*--------------向地址写 n 个字节数据,数据存放在指针指向的数组中------------*/
void write_n_add(unsigned char*p,unsigned char address,unsigned char n)
{
    unsigned char i;
    for(i=0;i<n;i++)
    {
        write_add((address+i),* (p+i));
        delay_ms(20);
    }
}
/*--------------向地址读 n 个字节数据,数据存放在指针指向的数组中--------------*/
void read_n_add(unsigned char*p,unsigned char address,unsigned char n)
{
    unsigned char i;
    for(i=0;i<n;i++)
    {
        * (p+i)=read_add(address+i);
    }
}


/*----------比较密码函数,密码正确返回 1,不正确返回 0------------*/

bit mimaduibi(unsigned char * string1,unsigned char * string2)
{
    unsigned char count;
    for(count=0;count<6;count++)
    {
        if(string1[count] !=string2[count])
        return 0;
    }
    return 1;
}

/*---------选择输入密码或修改密码函数----------*/
unsigned char step_choose(void)
{
    uchar key;
    key=0xff;
    write_com(0x06);                    //写一个字符后地址指针加 1
    write_com(0x01);                    //显示清零,数据指针清零
```

```
        lcd_pos(0,0);
        write_n_char("Input password");
        lcd_pos(1,0);
        write_n_char("Press key A");
        while((key !=A) && (key !=B))
        key=keyscan();
        return key;
    }


/*---------输入密码函数,密码正确返回1,错误返回0------------*/
bit input_mima(uchar *  mima)
{
    unsigned char count,key;
    lcd_pos(1,0);
    for(count=0;count<7;count++)
    {
        delay_ms(100);
        if(count<6)
        {
            do{key=keyscan();}                         //扫描键盘
            while(key==0xff);
            if((key !=backspace) && (key !=A) && (key !=enter))
            {
                write_data('* ');                      //是数字键显示*
                mima[count]=key;
            }
            if(key==backspace)                         //是退格键
            {
                if(count>0)
                {
                    lcd_pos(1,--count);                //光标前移一位
                    write_data(' ');                   //清空一位
                    mima[count]=' ';                   //写空
                    lcd_pos(1,count);
                    count--;                            //密码计数器减1
                }
            }
            if(key==enter)                             //没完成密码输入返回错误信息
            {
                lcd_pos(0,0);
                return(0);
            }
        }
        if(count==6)
        {
```

```
            do{key=keyscan();}
            while((key !=backspace)&&(key !=enter));
            if(key==backspace)
            {
                lcd_pos(1,--count);
                write_data(' ');
                mima[count]=' ';
                lcd_pos(1,count);
                count--;
            }
            if(key==enter)                          //密码位数正确
            {
                return(1);
            }
        }
    }
    return(0);
}


/*----------------键盘扫描---------------*/
unsigned char keyscan()
{
    unsigned char temp,key;
    key=0xff;
    JPJK=0xfe;                                      //将第 1 行线置低电平
    temp=JPJK;                                      //读 JPJK 的当前状态到 temp
    temp &=0xf0;                                    //temp=temp & 0xf0 按位与
    if(temp !=0xf0)
    {
        delay_ms(10);                               //延时去抖
        temp=JPJK;
        temp &=0xf0;
        if(temp !=0xf0)                             //第 1 行有键被按下
        {
            temp=JPJK;                              //读被按下的按键
            baoj();
            switch(temp)
            {
                case 0xee: key=7;break;
                case 0xde: key=4;break;
                case 0xbe: key=1;break;
                case 0x7e: key=0x0a;break;
            }
            while(temp !=0xf0)                       //等待按键释放
            {
```

```
                temp=JPJK;
                temp &=0xf0;
            }
        }
    }
    JPJK=0xfd;                                  //将第2行线置低电平
    temp=JPJK;                                  //读JPJK的当前状态到temp
    temp &=0xf0;                                //temp=temp & 0xf0
    if(temp !=0xf0)
    {
        delay_ms(10);                          //延时去抖
        temp=JPJK;
        temp &=0xf0;
        if(temp !=0xf0)                        //第2行有键被按下
        {
            temp=JPJK;                         //读被按下的按键
            baoj();
            switch(temp)
            {
                case 0xed: key=8;break;
                case 0xdd: key=5;break;
                case 0xbd: key=2;break;
                case 0x7d: key=0;break;
            }
            while(temp !=0xf0)                 //等待按键释放
            {
                temp=JPJK;
                temp &=0xf0;
            }
        }
    }
    JPJK=0xfb;                                  //将第3行线置低电平
    temp=JPJK;                                  //读JPJK的当前状态到temp
    temp &=0xf0;                                //temp=temp & 0xf0
    if(temp !=0xf0)
    {
        delay_ms(10);                          //延时去抖
        temp=JPJK;
        temp &=0xf0;
        if(temp !=0xf0)                        //第3行有按键被按下
        {
            temp=JPJK;                         //读被按下的键
            baoj();
            switch(temp)
            {
```

```
            case 0xeb:key=9;break;
            case 0xdb:key=6;break;
            case 0xbb:key=3;break;
            case 0x7b:key=0x0c;break;
        }
        while(temp !=0xf0)                      //等待按键释放
        {
            temp=JPJK;
            temp &=0xf0;
        }
    }
}
JPJK=0xf7;                                      //将第 4 行线置低电平
temp=JPJK;                                      //读 JPJK 的当前状态到 temp
temp &=0xf0;                                    //temp=temp & 0xf0
if(temp !=0xf0)
{
    delay_ms(10);                              //延时去抖
    temp=JPJK;
    temp &=0xf0;
    if(temp !=0xf0)                            //第 4 行有键被按下
    {
        temp=JPJK;                             //读被按下的键
        baoj();
        switch(temp)
        {
            case 0xe7: key=0;break;
            case 0xd7: key=0x0b;break;
            case 0xb7: key=0x0f;break;
            case 0x77: key=0x0d;break;
        }
        while(temp !=0xf0)                     //等待按键释放
        {
            temp=JPJK;
            temp &=0xf0;
        }
    }
}
return key;                                      //返回按下的键
}

/*--------------密码处理函数--------------*/
void mimachuli()
{
    uint i;
```

```
uchar key;
uchar idata mima_1[6]={' ',' ',' ',' ',' ',' '};    //存放密码缓冲区
uchar idata mima_2[6]={' ',' ',' ',' ',' ',' '};
uchar idata mima_3[6]={' ',' ',' ',' ',' ',' '};
key=step_choose();
if(key==A)                                          //A被按下,输入密码
{
    read_n_add(mima_1,0x00,6);
    write_com(0x06);                                //写一个字符后地址指针加1
    write_com(0x01);                                //显示清零,数据指针清零
    write_com(0x0f);                                //显示光标
    lcd_pos(0,0);
    write_n_char("press password");
    if(input_mima(mima_2))                          //处理输入密码
    {
        if(mimaduibi(mima_2,mima_1))                //密码正确
        {
            lcd_pos(0,0);
            write_com(0x0c);
            write_com(0x06);
            write_com(0x01);
            write_n_char("password right");
            aa=0;                                   //清除密码错误次数
            lock=0;                                 //开锁
            jdq=0;
            baojing=0;                              //响一下
            delay_ms(1000);
            baojing=1;
            TR0=1;
            flag_t0=1;
            while(key !=D && flag_t0)               //D没按下,锁一直开
            {
                key=keyscan();
            }
            TR0=0;
            lock=1;                                 //D按下了,关锁
            jdq=1;
        }
        else                                        //密码不正确
        {
            lcd_pos(0,0);
            write_com(0x0c);                        //关光标
            write_com(0x06);
            write_com(0x01);
            write_n_char("password wrong");
```

```
                        delay_ms(1000);
                        aa++;
                        if(aa==3)
                        {
                            aa=0;
                            i=750;                          //密码不正确,报警
                            while(i--)
                            baoj();
                        }
                    }
                }
                else
                {
                    lcd_pos(0,0);
                    write_com(0x0c);
                    write_com(0x06);
                    write_com(0x01);
                    write_n_char("password wrong");
                    delay_ms(1000);
                    aa++;
                    if(aa==3)
                    {
                        aa=0;
                        i=750;
                        while(i--)
                        baoj();
                    }
                }
            }
            if(key==B)                                      //B被按下,修改密码
            {
                read_n_add(mima_1,0x00,6);
                write_com(0x06);
                write_com(0x01);
                write_com(0x0f);
                lcd_pos(0,0);
                write_n_char("input password");
                write_com(0x0f);
                if(input_mima(mima_2))                      //处理输入密码
                {
                    if(mimaduibi(mima_2,mima_1))            //密码正确
                    {
                        lcd_pos(0,0);
                        write_com(0x0c);
                        write_com(0x06);
```

```
                    write_com(0x01);
                    write_n_char("password right ");
                    aa=0;                                    //清除密码错误次数
                    delay_ms(1500);
                    flag_change=1;
                    while(flag_change)                       //下面开始修改密码
                    {
                        write_com(0x06);
                        write_com(0x01)
                        write_com(0x0f);
                        lcd_pos(0,0);
                        write_n_char("In new password");
                        delay_ms(1500);
                        if(input_mima(mima_2))
                        {
                            lcd_pos(0,0);
                            write_com(0x0c);
                            write_com(0x06);
                            write_com(0x01);
                            write_n_char("Input new pass");      //确定新密码
                            lcd_pos(1,0);
                            write_n_char("word again");
                            delay_ms(2000);
                            lcd_pos(0,0);
                            write_com(0x0f);
                            write_com(0x06);
                            write_com(0x01);
                            write_n_char("In new password");
                                if(input_mima(mima_3))           //处理输入密码
                                {
                                    if(mimaduibi(mima_2,mima_3))    //密码正确
                                    {
                                        lcd_pos(0,0);
                                        write_com(0x0c);
                                        write_com(0x06);
                                        write_com(0x01);
                                        write_n_char("password has");
                                        lcd_pos(1,0);
                                        write_n_char("change already");
                                        write_n_add(mima_3,0x00,6);
                                        //把修改的密码存入 24C02
                                        delay_ms(2000);
                                        flag_change=0;
                                    }
                                    else                         //密码不正确
```

```
            {
                lcd_pos(0,0);
                write_com(0x0c);
                write_com(0x06);
                write_com(0x01);
                write_n_char("password wrong");
                delay_ms(1000);
                aa++;
                if(aa==3)
                {
                    aa=0;
                    i=750;
                    while(i--)
                    baoj();
                }
                flag_change=0;
            }
        }
        else
        {
            lcd_pos(0,0);
            write_com(0x0c);
            write_com(0x06);
            write_com(0x01);
            write_n_char("password wrong");
            delay_ms(1000);
            aa++;
            if(aa==3)
            {
                aa=0;
                i=750;
                while(i--)
                baoj();
            }
        }
    }
    else
    {
        lcd_pos(0,0);
        write_com(0x0c);
        write_com(0x06);
        write_com(0x01);
        write_n_char("password wrong");
        delay_ms(1000);
        flag_change=0;
```

```
                                    aa++;
                                    if(aa==3)
                                    {
                                        aa=0;
                                        i=750;
                                        while(i--)
                                        baoj();
                                    }
                                }
                            }
                        }
                    else
                    {
                        lcd_pos(0,0);
                        write_com(0x0c);
                        write_com(0x06);
                        write_com(0x01);
                        write_n_char("password wrong");
                        delay_ms(1000);
                        aa++;
                        if(aa==3)
                        {
                            aa=0;
                            i=750;
                            while(i--)
                            baoj();
                        }
                    }
                }
            else
            {
                lcd_pos(0,0);
                write_com(0x0c);
                write_com(0x06);
                write_com(0x01);
                write_n_char("password wrong");
                delay_ms(1000);
                aa++;
                if(aa==3)
                {
                    aa=0;
                    i=750;
                    while(i--)
                    baoj();
                }
```

```
                    }
                }
        }


/*--------外部中断函数,恢复出厂设置,长按 set 键恢复--------*/
void int0() interrupt 0
{
    delay_ms(2000);
    kk=0;
}


/*------------------定时器 0 中断,50 ms------------------*/
void timer0() interrupt 1                   //
{
    TH0=0x4c;                               //50 ms 定时
    TL0=0x00;
    bb++;
    if(bb==200)                             //10 s 时间到
    {
        bb=0;
        flag_t0=0;
    }
}


/*------------------主函数------------------*/
void main()
{
    yjinit();                               //液晶初始化
    i2cinit();                              //24C02 总线初始化
    baojing=1;
    lock=1;                                 //关锁
    jdq=1;
    TMOD=0x01;                              //选择定时器 0 方式 1
    EA=1;                                   //打开总中断
    ET0=1;                                  //打开定时器 0 中断
    EX0=1;                                  //打开外部中断 0
    IT0=1;                                  //下降沿触发
    TR0=0;                                  //关闭定时器
    TH0=0x4c;                               //50ms 装初值
    TL0=0x00;
    kk=1;
    while(1)
    {
        mimachuli();
        if(kk==0)
```

```
        {
            if(!set)
            {
                lcd_pos(0,0);
                write_com(0x0c);              //关光标
                write_com(0x06);              //写一个字符后地址指针加 1
                write_com(0x01);              //显示清零,数据指针清零
                i2cinit();                    //24C02 总线初始化
                write_n_add(mima_5,0x00,6);
                write_n_char("password renew");
                lcd_pos(1,0);
                write_n_char("already");
                delay_ms(1000);
                lcd_pos(0,0);
                write_com(0x0c);              //关光标
                write_com(0x06);              //写一个字符后地址指针加 1
                write_com(0x01);              //显示清零,数据指针清零
                write_n_char("Input password");
                lcd_pos(1,0);
                write_n_char("Press key A");
            }
            kk=1;
        }
    }
}


/*------------------------------------------------------------
检查 LCD 忙状态
lcd_busy 为 1 时,忙,等待。lcd-busy 为 0 时,闲,可写指令与数据
--------------------------------------------------------------*/
bit lcd_busy()
{
    bit result;
    lcdrs=0;
    lcdwr=1;
    lcden=1;
    _nop_();
    _nop_();
    result=(bit)(DATA&0x80);
    lcden=0;
    return result;
}


/*------------------------------------------------------------
写指令数据到 LCD
```

```
RS=L,RW=L,E=高脉冲,D0-D7=指令码
------------------------------------------------------*/
void write_com(unsigned char com)              //向液晶写命令
{
    while(lcd_busy());
    lcdwr=0;
    lcdrs=0;
    lcden=0;
    DATA=com;
    delay_ms(5);
    lcden=1;
    delay_ms(5);
    lcden=0;
}


/*---------------------------------------------------
写显示数据到LCD
RS=H,RW=L,E=高脉冲,D0-D7=数据
------------------------------------------------------*/
void write_data(unsigned char date)            //向液晶写一个数据
{
    while(lcd_busy());
    lcdwr=0;
    lcdrs=1;
    lcden=0;
    DATA=date;
    delay_ms(5);
    lcden=1;
    delay_ms(5);
    lcden=0;
}

/*--------------------写一个字符------------------*/
void write_1_char(unsigned char zifu)
{
    write_data(zifu);
}

/*--------------向液晶写n个字符-----------*/
void write_n_char(unsigned char zifu[])        //写N个字符
{
    unsigned char count;
    for(count=0; ;count++)
    {
        write_1_char(zifu[count]);
```

```
            if(zifu[count+1]=='\0')
            break;
        }
    }


/*----------设置液晶显示位置,x=0为第1行,1为第2行----------*/
void lcd_pos(unsigned char x,unsigned char y)      //
{
    unsigned char pos;
    if(x==0)
    x=0x80;
    else if(x==1)
    x=0x80+0x40;
    pos=x+y;
    write_com(pos);
}


/*-----------------液晶初始化-----------------*/
void yjinit()                                      //
{
    dula=0;
    wela=1;
    lcden=0;
    write_com(0x38);
    write_com(0x0c);
    write_com(0x06);
    write_com(0x01);
}
```

11.5　系统仿真及调试

经过 Keil 软件编译后,在 Proteus 软件编辑环境中绘制仿真电路图,将编译好的. hex 文件加载到 AT89C51 单片机里,启动仿真,就可以看到在 LCD 上出现"input password"(请输入密码)的提示和"press key A"(按下按键 A)的提示,如图 11-10 所示。按下按键后会出现密码输入界面,如图 11-11 所示。

系统设置初始密码为"000000",输入初始密码进入系统。若输入密码正确,则会显示密码正确,若输入密码错误,则会显示密码错误,如图 11-12 所示。

当输入密码正确时,P3.3 引脚所接的 LED 灯点亮,继电器驱动电机开锁,如图 11-13 所示。

当输入密码错误达到 3 次,系统会自动报警,蜂鸣器会启动,键盘锁定 3 分钟。

当按下修改密码键时,先输入原密码,按下确定之后可输入新密码,确认后再次输入新密码并确认,密码修改成功,也可通过复位按键恢复原密码。

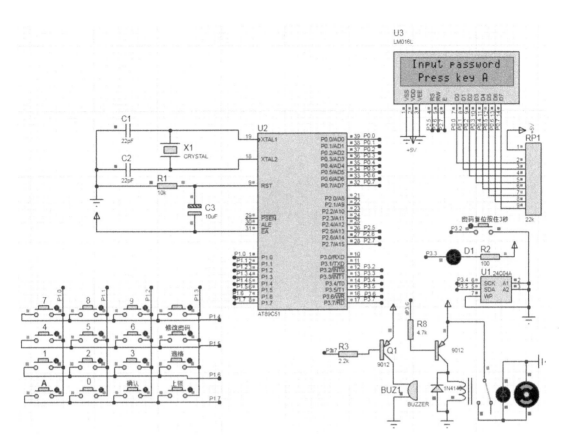

图 11-10　系统启动的仿真效果

图 11-11　按下按键后密码输入界面的仿真效果

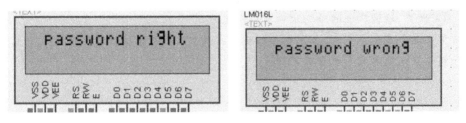

图 11-12　判断密码结果后的仿真效果

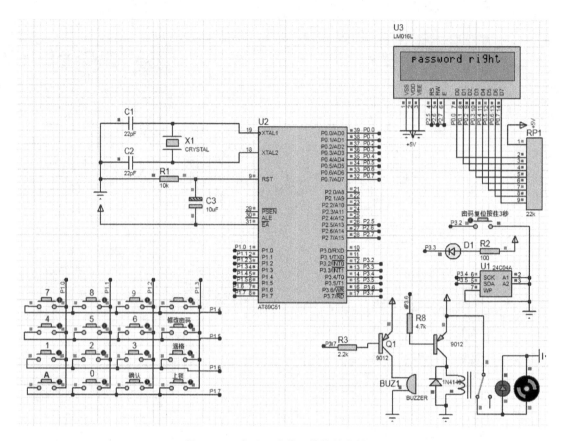

图 11-13　密码正确并开锁的仿真效果

小贴示

　　传统机械锁由于构造简单,需携带钥匙,且钥匙丢失后安全性大打折扣,使用不方便,被撬事件屡见不鲜。为满足人们日常生活中对安全保险器件越来越高的要求,增加其安全性和方便性,用密码锁代替传统机械锁成为趋势。

　　电子密码锁系统具有软、硬件设计简单、易于开发、成本较低、安全可靠、操作方便等特点,可作为产品进行开发,应用于住宅与办公室的安全防范、单位的文件档案、财务报表以及一些个人资料的保存等场合。电子密码锁凭着比较强的实用性,既安全可靠,又成本低廉;既保密性强,又实用性广,在密码锁的市场上占有一席之地。

　　在日常生活和现代办公中,虽然电子密码锁应用广泛,但密码锁的技术也是一把双刃剑,要利用开锁的技术做有利于社会的事情。

第 12 章　温度检测和控制系统的设计

12.1　项目要求

设计一款温度检测和控制系统,要求实现以下功能。

(1) 利用温度传感器来采集环境温度数据,并将所采集到的数据输送到单片机中进行处理,实现对温度的测量及显示。

(2) 要求该系统能够通过按键设定温度上下限,在温度超过上限或低于下限时报警。

(3) 在实现显示功能时,要求其可以显示设定的目标温度以及所测得的外界的温度。

(4) 当采集到的数据输入后,系统将其与设定好的数值进行比较,低于设定值,系统就发送信号给外部,外部会采取升温方式使其恢复至设定值,反之亦然。

(5) 由于各地区的温度值不同,所以要求系统可以测量并显示不同范围内的温度,根据测量温度范围的不同,应选择不同的温度传感器。

12.2　方案论证

本温度检测和控制系统将单片机微控制器与温度检测传感器相结合,并配合外围功能器件进行设计。单片机控制电路是整个电路的核心,用于控制每一步操作。由于本系统是在微控制器平台上进行温度测量调控的,因此,对于控制器的性能以及设计的成本需要进行仔细的分析论证,以确保系统控制的稳定性。

方案一:选择 32 位的 STM32 控制器作为系统的控制单元。该控制器的控制性能好,其时钟信号频率可达 72 MHz,是专门为嵌入式系统的应用而设计的,可用于扩展外围器件的接口资源比较丰富。但其购买成本高、编程要求也比较高,这对于新手而言,在程序设计方面是一大难点。

方案二:选取目前常用的 AT89C52 单片机作为系统的控制单元。AT89C52 单片机具有一定的程序空间和数据空间。其程序编程操作简便,相关使用范例较多,同时对于温度检测方面的控制方案较为成熟,器件接口控制方式简单,购买成本低。

比较方案一与方案二,从设计的难易程度、系统的精确度、设计成本三个方面分析,选择方案二中的 AT89C52 单片机作为控制器进行设计。

在温度测量上采用 DS18B20 温度传感器进行测量,将采集到的数据传送给单片机进行分析处理,并与设定的温度值相比较,当与设定值偏差较大时,系统迅速做出响应,并控制加热或者制冷降温装置对系统进行精确的温度调控。同时配合显示模块,对系统的温度进行实时反馈。整体控温系统结构简单、易安装、操作方便，可在许多温控系统中进行运用。对比设计的要求，将整体系统划分为以下模块。

（1）温度采集模块：通过温度传感器采集当前环境温度。

（2）最小系统模块：利用单片机将程序烧录其中，对温度传感器采集到的数据进行处理并给出执行命令。

（3）显示模块：将在当前环境下所测得的数据进行显示。

（4）按键模块：设定温度上下限。

（5）报警模块：以声响报警提示温度超出设定值范围。

（6）状态指示模块：指示当前温度状态。

温度检测和控制系统结构框图如图 12-1 所示。

图 12-1　温度检测和控制系统结构框图

12.3　系统硬件电路设计

温度检测和控制系统硬件电路由单片机系统、温度检测电路、数码管显示电路、按键电路、状态指示电路、报警电路等部分组成。首先由温度检测电路对环境温度进行采集，采用的温度传感器是 DS18B20，将所在环境温度检测出来之后由单片机读取温度数据，并将温度数据通过数码管显示出来。按键输入设定的数据，然后与实际温度比较，若实际温度不在设定范围之内，则蜂鸣器发出声音报警，并通过发光二极管把相应的状态显示出来。图 12-2 所示为温度检测和控制系统电路原理图。

12.3.1　单片机系统及外围电路

在温度检测和控制系统设计中采用的是 AT89C52 单片机。AT89C52 单片机为 8 位的、拥有 256 字节 RAM 的数据存储器，还具有 32 个通用的 I/O 外部扩展接线口、1 个可编程全双工串行口、3 个 16 位定时器，并且还有片内振荡器。此单片机不仅可以支持静态逻辑操作，还可以支持可供选择的节电工作模式。在空闲方式下，CPU 不会继续工作，但其中断、串行端口、定时器、RAM 将继续工作；而在掉电方式下，振荡器不会继续工作，其他部件的工作也被禁止，直到下一个硬件复位，但 RAM 的内容会保存。

对于温度检测和控制系统，AT89C52 单片机与时钟及复位电路一起构成单片机最小系统。其中单片机 9 号引脚为复位引脚，采用高电平复位；18 号引脚和 19 号引脚为外部时钟信号输入接口，外部时钟采用频率为 12 MHz 的晶振，并与两个电容并联接入单片机，由此来构

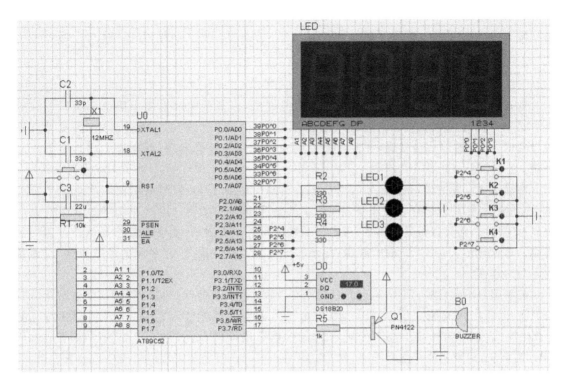

图 12-2　温度检测和控制系统电路原理图

成单片机的时钟电路。

　　单片机的 P1.0～P1.7 引脚用来接数码管的段选端,P0.0～P0.3 引脚用来接数码管的位选端,P2.0～P2.3 引脚用来接发光二极管指示电路,P2.4～P2.7 引脚用来接按键电路,P3.2 引脚用来接温度检测电路,P3.7 引脚用来接蜂鸣器报警电路。单片机系统及外围电路可参考图 12-2 所示的温度检测和控制系统电路原理图。

12.3.2　温度检测电路

　　温度检测电路的主要作用是采集外界温度数据,其采集电路部分选择的是单总线数字温度传感器 DS18B20,该温度传感器可直接将温度转换值以 16 位数字码的方式串行输出。而且它具有单线接口方式,与微处理器相接时,仅需占用 1 个 I/O 口即可。其测温时无需任何外部元件,可以通过数据线直接供电,具有超低功耗工作方式。其测温范围为 -55 ℃～ $+125$ ℃,测温精度可达 0.0625 ℃。由于传送的是串行数据,放大器和 A/D 转换器可以被省去,因而这种测温方式大大提高了各种温度测控系统的可靠性,并且降低了成本,缩小了系统的体积。

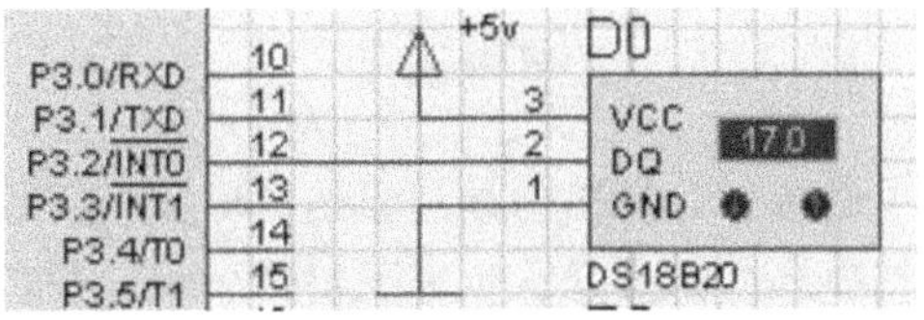

　　该温度检测部分结构简单,电路工作原理也较为简单,如图 12-3 所示,1 号引脚为 GND,3 号引脚为 VCC 电源正极,2 号引脚为温度数据输出口,直接接入单片机的 P3.2 引脚。为了提高数据的传输效率,增大数据信号的传输功率,

图 12-3　温度检测电路

也可以在数据输出口并联一个 47 kΩ 的电阻,电阻的另一端接 VCC,将电位拉高,使输出信号强度增大,在一定程度上提高了抗干扰能力。

12.3.3 数码管显示电路

数码管显示电路用来显示当前测量到的温度值,以及设定的温度上限值和下限值。数码管是单片机应用系统中常用的廉价输出设备,它由若干个发光二极管组成,当发光二极管导通时,相应的部分会发光,控制某段或某几段发光二极管导通,就会显示出某个数值或字符。

在静态显示系统中,每位显示器都应有各自的锁存器、译码器(若采用软件译码,译码器可省去)和驱动器,用以锁存各自需要显示数字的 BCD 码或字段码。因此,静态显示系统在每一次显示输出后,能够保持显示不变,仅在显示数字需要改变时,才更新其数字显示锁存器中的内容。这种显示占用 CPU 的时间少,显示稳定可靠。其缺点是,当显示的位数较多时,占用的 I/O 口较多。

在动态显示系统中,CPU 需定时地对每位 LED 显示器进行扫描,每位 LED 显示器分时轮流工作,每次只能使一位 LED 显示,但由于人眼存在视觉暂留现象,人们仍感觉所有的 LED 显示器都在同时显示。这种显示的优点是使用硬件少、占用 I/O 口少。缺点是占用 CPU 时间长,只要不执行显示程序,就会立刻停止显示。但随着大规模集成电路的发展,目前已有能自动对显示器进行扫描的专用显示芯片,其可以使电路变得简单,且占用 CPU 的时间短。本温度检测和控制系统中的数码管就是利用动态显示,连接方式如图 12-4 所示。4 个数码管的段选端均接在单片机的 P1 口,通过接在单片机 P0.0~P0.3 引脚的位选端的 1、2、3、4 引脚的状态可确定某时刻选中了哪个数码管。

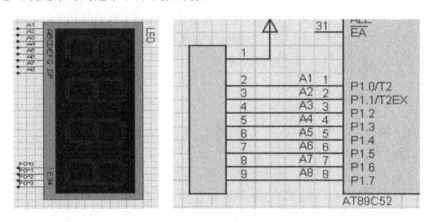

图 12-4　数码管显示电路

12.3.4 按键电路

键盘分为编码键盘和非编码键盘。键盘上闭合键的识别由专用的硬件编码器实现,并产生编码号或键值的称为编码键盘,如计算机键盘;而靠软件编程来识别的键盘称为非编码键盘。在由单片机组成的各种系统中,用得较多的是非编码键盘,非编码键盘又分为独立键盘和矩阵(又称行列式)键盘。在本系统中,所设计的按键模块有 4 个按键,依次为 K1 键、K2 键、K3 键、K4 键,本设计所采用的是独立键盘,将 K1～K4 键分别与单片机的 P2.4～P2.7 引脚相连即可。

单片机检测是否有键被按下是通过检测该键对应的 I/O 口是否为低电平来实现的。系统启动时,显示器显示的是当前测得的温度值;按一次 K1 键,显示器显示设定的温度上限,再按 K2 键或 K3 键可加大或减小上限值;按两下 K1 键,显示器显示设定的温度下限,再按 K2 键或 K3 键可加大或减小下限值;按下 K4 键,显示器恢复显示当前测得的温度值。按键电路如图 12-5 所示。

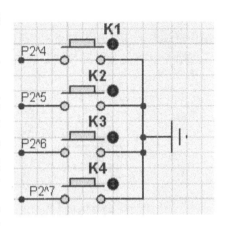

图 12-5　按键电路

12.3.5　状态指示电路与报警电路

该温度检测和控制系统中采用蜂鸣器进行报警,用发光二极管显示当前状态。正常启动时,当检测到的温度数据在设定范围之内,蜂鸣器响一声,LED1 发光;当检测到的温度数据高于设定值时,蜂鸣器会通过持续响起进行提示,LED2 发光;当检测到的温度数据低于设定值时,蜂鸣器也会通过持续响起进行提示,LED3 发光。状态指示电路与报警电路的电路如图 12-6 所示。

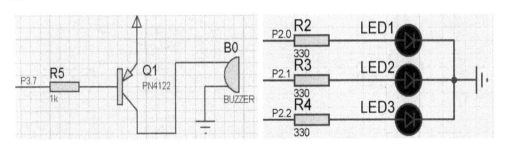

图 12-6　状态指示电路与报警电路电路图

12.4　系统软件设计

本系统要求的功能是采用 DS18B20 温度传感器对周围温度进行检测,当温度超过设定温度范围时,系统报警。引入单片机控制是实现系统智能化很重要的一个部分,采用单片机可以用程序来实现控制和监视的功能,可对系统进行实时控制和数据处理。软件编程采用 C 语言。

12.4.1　主程序设计

对于系统主程序的设计,采用自上向下的设计思路,在程序中以嵌套调用的方式进行程序的调用。主程序运行后,首先进行初始化,接着温度传感器对温度数据进行采集,并将采集到的温度数据与设定的温度值进行比较,对当前温度情况做出相应的响应处理。系统的整体运行结果通过数码管和报警器进行实时反馈。系统主程序在执行完一个周期后,循环地执行这一系列命令。温度检测和控制系统主程序流程图如图 12-7 所示。

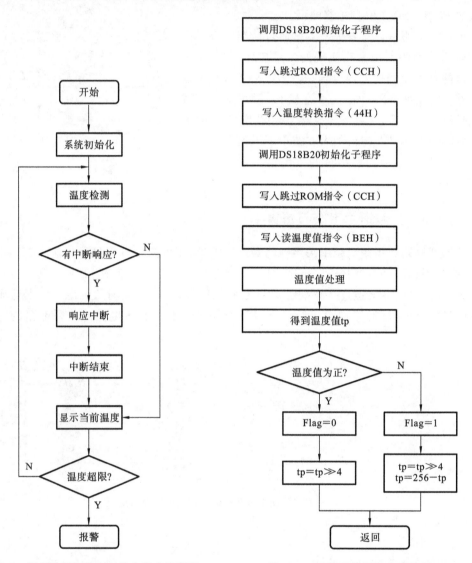

图 12-7　温度检测和控制系统主程序流程图　　　　图 12-8　温度采集子程序流程图

12.4.2　温度采集子程序设计

在用温度传感器 DS18B20 采集温度时,首先需要对传感器进行初始化,然后写入相应的读/写指令,对读取到的温度进行处理并得到温度值,然后返回,把温度值传送给单片机,单片机再进行后续处理。温度采集子程序流程图如图 12-8 所示。

12.4.3　温度显示子程序设计

温度显示子程序的功能主要是完成温度的读出和显示。当温度为零下时,第 1 个数码管的显示值为"—"号；当温度为零上时，第 1 个数码管的显示值为"0"；当测定温度高于设定温度上限值时，第 2 个发光二极管亮，同时蜂鸣器持续响起，起到报警作用；当测定温度低于设定温度下限值时，第 3 个发光二极管亮，同时蜂鸣器持续响起，起到报警作用。温度显示子程序流程图如图 12-9 所示。

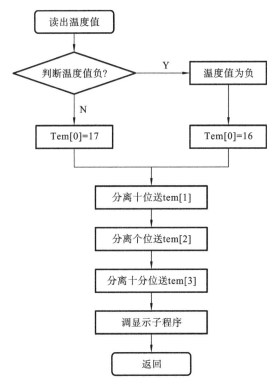

图 12-9　温度显示子程序流程图

调用的显示子程序的功能是对数码管进行逐位扫描，先从显示缓冲区取出要显示的数据，再根据该数据从 table 表中取出相应的段码来完成显示。除此之外，还有按键子程序、设置子程序等，这些都比较简单，这里不详细说明，可参考程序清单。

12.4.4　程序清单

程序清单运行示例，请扫描右侧二维码。

```
/*----------------main.c,主函数----------------*/
#include "main.h"
#include "display.h"
#include "18b20.h"
#include "alarm.h"
//extern unsigned charidata flag;                    //定义外部变量,温度正负标志

void main()
{
```

```
        initalarm();
        while(1)
        {
            SetHighTem();
            alarm();
        }
    }
```

```
/*--------display.c,数码管显示 DS18B20 采集的温度--------*/
#include "display.h"
#include "main.h"

uchar code table[]={                    //共阴极数码管显示
0x3f,0x06,0x5b,0x4f,
0x66,0x6d,0x7d,0x07,
0x7f,0x6f,0x77,0x7c,
0x39,0x5e,0x79,0x71,
0x40,0x76,0x38};                        //16是"-",17是"H",18是"L"
uchar code table1[]={                   //第三个数码管有小数点,所以不一样
0xbf,0x86,0xdb,0xcf,
0xe6,0xed,0xfd,0x87,
0xff,0xef,0xf7,0xfc,
0xb9,0xde,0xf9,0xf1};
```

```
/*-----------------数码管显示函数-----------------*/
void display(uint first,uint second,uint third,uint forth)
//显示负温度的函数,第一个数码管显示是"—"
{
    wela=0xfe;
    dula=table[first];
    delay_ms(5);
    dula=0x00;                          //一定要加这一行,否则系统显示不稳定
    wela=0xfd;
    dula=table[second];
    delay_ms(5);
    dula=0x00;
    wela=0xfb;
    dula=table1[third];
    delay_ms(5);
    dula=0x00;
    wela=0xf7;
    dula=table[forth];
    delay_ms(5);
    dula=0x00;
}
```

```
/*--------------延时_ms 函数-----------------*/
```

```
voiddelay_ms(uint timer)
{
    uint i,j;
    for(i=0; i<timer; i++)
        for(j=0; j<110;j++);
}


/*-------------DS18B20.c,温度采集函数---------------*/
#include "main.h"
unsigned charidata flag;
uchar show[4]={1,2,3,4};


/*--------------延时程序-----------------*/
voiddelay_us(uchar a)
{
    while(--a);
}


/*---------初始化 DS18B20,初始化读和写的子程序---------*/
void init1820()
{
    DQ=1; _nop_();
    DQ=0;                       //拉低数据线,准备 ResetOneWire Bus
    delay_us(125);              //延时 510 μs,运行 Reset One-Wire Bus
    delay_us(125);
    DQ=1;                       //提升数据线
    delay_us(15);               //延时 35 μs
    while(DQ)                   //等待 Slave 器件的 Ack 信号
    { _nop_(); }
    delay_us(60);               //延时 125 μs
    DQ=1;                       //提升数据线,准备数据传输
}


void write1820(uchar a)
{
    uchar i;
    for(i=0;i<8;i++)
    {
        if(a & 0x01)            //低位在前
        {
            DQ=0;               //结束 Recovery time
            _nop_();_nop_();_nop_();
            DQ=1;
        }                       //发送数据
        else
            DQ=0;               //结束 Rec time
            _nop_();_nop_();_nop_();
```

```
                    //DQ=0;                    //发送数据
              delay_us(30);                    //等待 Slave 器件采样
              DQ=1;
              _nop_();                          //开始 Recovery Time Start
              a>>=1;
          }
      }


unsigned char read1820(void)
{
      unsigned chari;
      unsigned chartmp=0;
      DQ=1;  _nop_();                          //准备读
      for(i=0;i<8;i++)
      {
          tmp>>=1;                              //低位先发
          DQ=0;                                 //读初始化
          _nop_();
          DQ=1;                                 //必须写 1,否则读出来的将不是预期的数据
          delay_us(2);                          //延时 9 μs
          _nop_();
          if(DQ)                                //在 12 μs 处读取数据
          tmp |=0x80;
          delay_us(30);                         //延时 65 μs
          DQ=1;  _nop_();                       //恢复 One Wire Bus
      }
      returntmp;
}


uchar gettemp()
{     unsigned int tp;
      init1820();
      write1820(0xcc);
      write1820(0x44);
      init1820();
      write1820(0xcc);
      write1820(0xbe);
      show[0]=read1820();
      show[1]=read1820();
      init1820();
      tp=show[1]*256+show[0];
      flag=show[1]>>7;                          //判断温度正负,正时 flag=0;负时 flag=1
      if(flag==0)
      {
              tp=tp>>4;
      }
      if(flag==1)
```

```
        {
                tp=tp>>4;
                tp=256-tp;
        }
        returntp;
}


/*-----------alarm.c,报警函数------------*/
#include "main.h"
#include "alarm.h"
#include "display.h"
#include "18b20.h"
extern unsigned charidata flag;          //定义外部变量、温度正负标志
uint HNum=50,LNum=10;                     //报警温度的高低值
uint Tem;


/*----------------显示温度函数------------------*/
voidShowTem()
{
    Tem=gettemp();                       //读取 DS18B20 采集的温度
    if(flag==1)                          //显示负温度
    display(16,(Tem%100)/10,Tem%10,(Tem*10)%10);
    if(flag==0)                          //显示正温度
    display(Tem/100,(Tem%100)/10,Tem%10,(Tem*10)%10);
}


/*-------------设置低温温度--------------*/
voidSetLowTem()
{
    while(1)
    {
            display(18,(LNum%100)/10,LNum%10,(LNum*10)%10);
            if(k2==0)
            delay_ms(50);            //按键消抖
            if(k2==0)
            {
                while(!k2);           //等待按键释放
                LNum++;
            }
            if(k3==0)
                delay_ms(50);         //按键消抖
            if(k3==0)
            {
                while(!k3);           //等待按键释放
                LNum--;
            }
            if(k4==0)
```

```
        delay_ms(50);           //按键消抖
        if(k4==0)
        {
            while(!k4);          //等待按键释放
            break;
        }
    }
}


/*--------------设置高温温度----------------*/
voidSetHighTem()
{
    HNum=50;
    if(k1==0)                    //按键消抖
        delay_ms(10);
    if(k1==0)
    {
        while(!k1);              //等待按键释放
        while(1)
        {
            display(17,(HNum%100)/10,HNum%10,(HNum*10)%10);
            if(k1==0)
            delay_ms(50);        //按键消抖
            if(k1==0)
            {
                while(!k1);      //等待按键释放
                SetLowTem();     //设置低温报警温度
                break;
            }
            if(k2==0)
            delay_ms(50);        //按键消抖
            if(k2==0)
            {
                while(!k2);      //等待按键释放
                HNum++;
            }
            if(k3==0)
                delay_ms(50);    //按键消抖
            if(k3==0)
            {
                while(!k3);      //等待按键释放
                HNum--;
            }
            if(k4==0)
            delay_ms(50);        //按键消抖
            if(k4==0)
            {
```

```
                while(!k4);          //等待按键释放
                break;
            }
        }
    }
    ShowTem();
}


/*----------------led 和蜂鸣器初始化--------------*/
voidinitalarm()
{
    led1=0;
    led2=0;
    led3=0;
    buzzer=1;
}


/*----------------led 和蜂鸣器控制-----------------*/
void alarm()
{
    Tem=gettemp();
    if(Tem>HNum)
    {
        led2=1;
        led1=0;
        led3=0;
        buzzer=0;                    //蜂鸣器工作
    }
    else if(Tem<LNum)
    {
        led3=1;
        led1=0;
        led2=0;
        buzzer=0;
    }
    else
    {
        led1=1;
        led2=0;
        led3=0;
        buzzer=1;
    }
}


/*--------------main.h 头文件---------------*/
#ifndef_MAIN_H
#define _MAIN_H
```

```
#include<reg52.h>
#include<intrins.h>
#defineuint unsigned int
#defineuchar unsigned char
sbit DQ=P3^2;
#endif


/*-----------------display.h头文件-----------------*/
#ifndef _DISPLAY_H
#define _DISPLAY_H
#include "main.h"
#definedula P1                    //段选
#definewela P0                    //位选
void display(uint first,uint second,uint third,uint forth);
voiddelay_ms(unsigned int timer);
#endif


/*---------------18b20.h头文件-----------------*/
#ifndef _18B20_H
#define _18B20_H

voiddelay_us(uchar a);
void init1820();
void write1820(uchar a);
unsigned char read1820(void);
uchar gettemp();
#endif

/*-----------------alarm.h头文件----------------*/
#ifndef _ALARM_H
#define _ALARM_H

sbit k1=P2^4;
sbit k2=P2^5;
sbit k3=P2^6;
sbit k4=P2^7;
sbit led1=P2^0;
sbit led2=P2^1;
sbit led3=P2^2;
sbit buzzer=P3^7;

voidShowTem();
voidSetLowTem();
voidSetHighTem();
voidinitalarm();
void alarm();

#endif
```

12.5　系统仿真及调试

经过 Keil 软件编译后,在 Proteus 软件编辑环境中绘制仿真电路图,将编译好的.hex 文件加载到 AT89C52 单片机中,启动仿真,就可以看到仿真现象,效果如图 12-10～到图 12-13 所示。图 12-10 是系统启动时,DS18B20 温度传感器的设置温度为 11 摄氏度,所测温度在设定范围内时的效果,数码管显示测得温度值为 11,LED1 亮;图 12-11 是 K1 分别按一次和两次时设定的上限值为 H50、下限值为 L10,分别显示在数码管上的效果;图 12-12 是当测得温度高于上限值时,LED2 亮,蜂鸣器持续发出声音;图 12-13 是当测得温度低于下限值且为负时,LED3 亮,蜂鸣器持续发出声音。

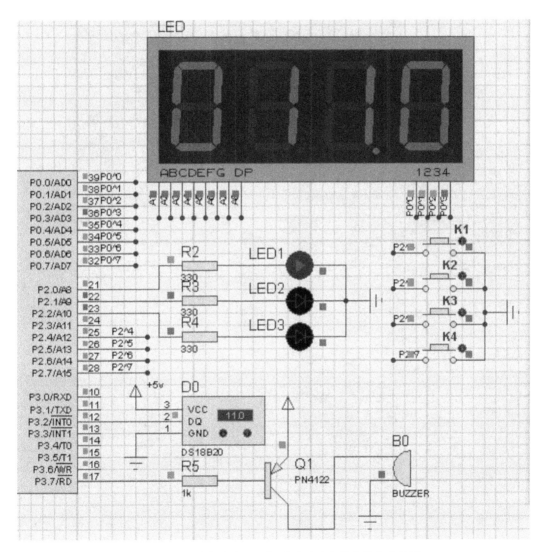

图 12-10　系统启动时,所测温度在设定范围内的仿真效果

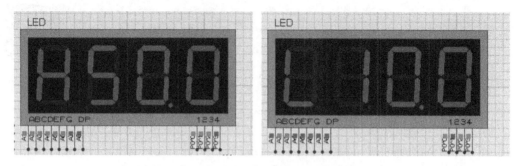

图 12-11 设定上限值与下限值的仿真效果

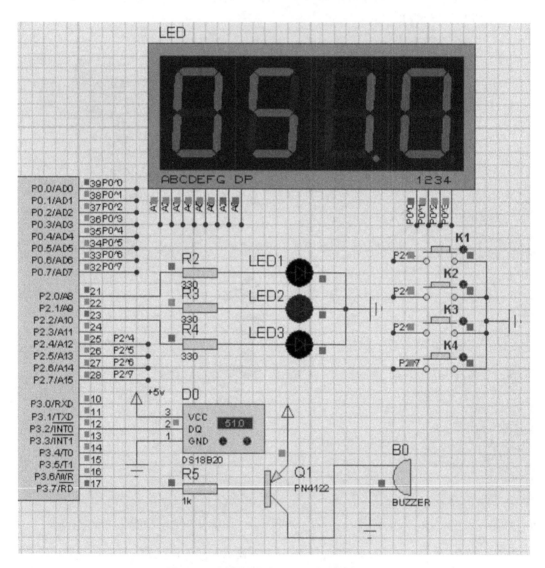

图 12-12 测得温度高于上限值的仿真效果

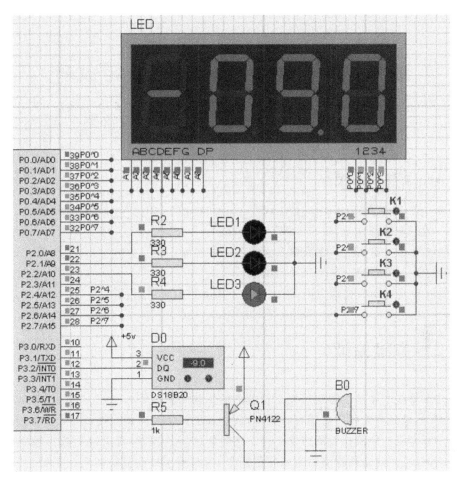

图 12-13   测得温度低于下限值且为负的仿真效果

小贴示

温度是生活及生产中最基本的物理量,它表征的是物体的冷热程度。自然界中,任何物理、化学过程都紧密地与温度相关联。在很多生产过程中,温度的测量和控制都直接与生产安全、生产效率、产品质量、能源节约等重大技术经济指标相关联。自 18 世纪工业革命以来,工业过程离不开温度检测与控制,温度检测与控制广泛应用于社会生活的各个领域,如家电、汽车、材料、电力、电子等。温度控制精度的元件选型以及不同控制对象的控制方法的选择都起着至关重要的作用,在需求分析的时候,根据具体情况,按需选型,在保证功能实现的前提下,注意性价比,够用即可,不可随意浪费。

以单片机为研究对象,作为温度测量与控制系统的核心组成部分,可以方便地实现现代化控制。因为其性能优良、运行调试方便和生产成本低等优势,已开始受到大家的欢迎,并在近年来不断提高,价格也逐年降低,所以单片机的温度控制系统将有广阔的发展和应用前景。在未来,温度检测与控制系统将趋于智能化、集成化,其系统将更准确、更稳定、更可靠。

第 13 章　超声波测距仪的设计

13.1　项目要求

设计一款超声波测距仪,要求实现以下功能。
(1) 能够测量一定范围的距离以及当前的环境温度。
(2) 能够显示所测的距离值以及温度值。
(3) 能够设定并调节报警距离,当距离小于报警距离时,就报警。

13.2　方案论证

　　超声波测量技术是基于蝙蝠等无目视能力的生物的防御行为及捕捉猎物生存的行为的原理,利用超声波借助空气媒质传播时,遇到障碍物反射回来的时间间隔长短及被反射超声波的强弱来判断障碍物性质和位置的方法。可采用时间间隔检测法,即测距时超声波发射器有规律地发射超声波,在遇到被检测对象后反射回来,由超声波接收器接收到反射波信号,并将其转变为电信号,测出从发射超声波至接收到反射波的时间差(时间间隔 t)。t 的 1/2 与超声波传播速度 c 相乘可求出被测距离 s,即 $s=ct/2$。当要求测距误差小于 1 mm 时,假设已知超声波速度 $C=344$ m/s(20 ℃室温下),忽略声速的传播误差。测距误差 $s\Delta t<(0.001/344)s\approx 0.000002907$ s,即 2.907 μs。

　　在超声波的传播速度是准确的前提下,测量距离的传播时间差值的精度只要达到微秒级,就能保证测距误差小于 1 mm。使用的 12 MHz 晶体作为时钟基准的 89C51 单片机定时器能方便地计数到 1μs 的精度,能保证将测距误差控制在 1 mm 的测量范围内。超声波的传播速度受空气密度的影响,空气密度越大,则超声波的传播速度就越快,而空气密度又与温度有着密切的关系。对超声波测距精度的要求达到 1 mm 时,就必须考虑超声波传播的环境温度。例如,当温度为 0℃时,超声波的传播速度是 332 m/s,温度为 30℃时,超声波的传播速度是 350 m/s,温度变化引起的超声波的传播速度的变化为 18 m/s。若超声波在 30 ℃的环境下以 0 ℃的声速进行测量,那么 100 m 距离所引起的测量误差将达到 5 m,测量 1 m 所引起的误差将达到 5 cm。因此,可以选用一个测温模块进行温度补偿,以精确超声波测距的结果。数据的显示可使用 LCD 液晶屏或者数码管,在此选用 LCD 液晶屏能够满足本设计的需要。

　　整个电路的控制核心为单片机。系统使用 HC-SR04 超声波模块进行超声波的发射和接收,并计算超声波自发射至接收的往返时间。另外还有温度测量电路,其用于测量当时的空气温度,待数据被送到单片机后,使用软件对超声波的传播速度进行调整,使测量精度能够达到要求。系统由超声波发射与接收电路、单片机电路、键盘输入电路、电源电路、时钟电路、复位电路、显示与显示驱动电路、温度测量电路及温度补偿电路等几部分组成。超声波测距仪系统结构框图如图 13-1 所示。

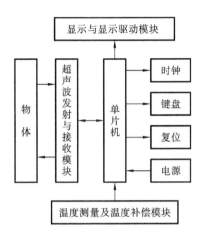

图 13-1　超声波测距仪系统结构框图

13.3　系统硬件电路设计

超声波测距仪电路由单片机系统、超声波测距电路、温度测量电路、LCD 液晶显示电路、报警电路和按键电路六部分组成。图 13-2 所示为超声波测距仪电路原理图。

13.3.1　单片机系统及外围电路

单片机最小系统由单片机、复位电路、晶振电路组成。AT89C51 单片机有一个专用的外部引脚 RESET,外部可通过此引脚输入一个正脉冲使单片机复位。所谓复位,就是强制单片机系统恢复到确定的初始状态,并使系统重新从初始状态开始工作。本设计采用的是自动上电复位电路,复位电路由 R6、C5 组成。本时钟电路采用单片机振荡电路,电路由晶振 Y1 和电容 C2、C3 组成。P0 口以及 P2.0～P2.2 口用来发送液晶显示信息以及给出液晶显示屏的控制信号。P2.5 引脚和 P3.2 引脚用来连接超声波传感器,P3.3 引脚用来连接蜂鸣器,给出报警信息。其他引脚暂时空着,在有必要的时候可以扩展系统的 ROM 和 RAM。

13.3.2　超声波测距电路

超声波测距电路采用 HC-SR04,如图 13-3 所示。HC-SR04 的 GND 管脚接地、TRIG 脚接 P2.5 引脚,ECHO 脚接 P3.2 引脚,VCC 脚接电源。单片机由 P2.5 向 HC-SR04 发射 10 μs 高电平,然后 T1 定时器启动并开始计时,模块自动发送 8 个 40 kHz 的方波,自动检测是否有信号返回。若有信号返回,则通过 I/O 口 ECHO 输出一个高电平,高电平持续的时间就是超声波从发射到返回的时间,该高电平给单片机提供计时信号,单片机收到返回信号后,T1 定时

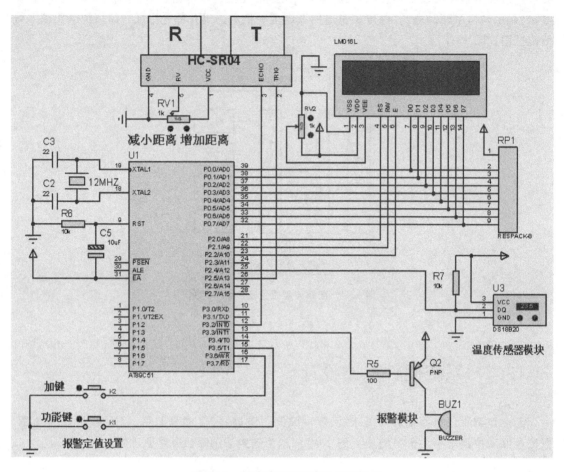

图 13-2　超声波测距仪电路原理图

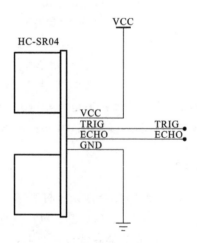

图 13-3　HC-SR04 超声波测距电路

器停止计时,并启动外部中断程序。测试距离＝高电平时间×声速/2。其中声速为 340 m/s。HC-SR04 超声波测距电路工作时序图如图 13-4 所示。

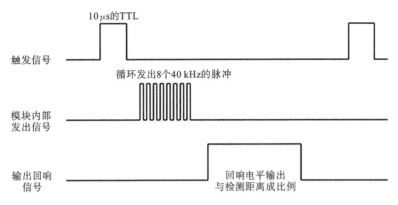

图 13-4　超声波测距电路工作时序图

　　由于超声波测距的仿真不方便进行,因此需要利用一个延时电路代替超声波发送、接收电路,模拟超声波发送头发送出超声波后,碰到被测物体返回回,回波被超声波接收头接收到波的这一时间段的过程,从而实现超声波测距的仿真。因此,在此用 555 电路搭建一个仿真电路,并将其封装为仿真元件。仿真元件的封装本书不予以介绍。这种仿真的方式,可以通过调节 RV1 可调电阻的阻值仿真出不同的距离值,整个仿真过程只需要根据调节可调电阻即可。超声波测距传感器的 RV 以及 VCC、GND 端连接该元件。

13.3.3　温度测量电路

　　为了提高测量精度,为该系统设计了温度补偿模块,温度补偿选用的传感器是 DS18B20。DS18B20 传感器是常用的数字温度传感器,具有体积小、硬件成本低、抗干扰能力强、精度高的特点。DS18B20 传感器接线方便,其封装后可应用于多种场合,其型号多种多样,有 LTM8877、LTM8874 等。该传感器的适用电压范围为 3.0 V～5.5 V,在寄生电源方式下可由数据线供电,并有独特的单线接口方式,在与微处理器连接时,仅需要一条口线即可实现其与微处理器的双向通信。DS18B20 传感器在使用中不需要任何外围元件,全部传感元件及转换电路集成在形如一只三极管的集成电路内,测温范围为－55 ℃～＋125 ℃,在－10 ℃～＋85 ℃时的精度为±0.5 ℃。其可编程的分辨率为 9～12 位,对应的可分辨温度分别为 0.5 ℃、0.25 ℃、0.125 ℃和 0.0625 ℃,可实现高精度测温。在 9 位分辨率时,最多在 93.75 ms 内把温度转换为数字;在 12 位分辨率时,最多在 750 ms 内把温度转换为数字。测量结果直接以输出数字温度信号的形式串行传送给 CPU,同时可传送 CRC 校验码,具有极强的抗干扰能力和纠错能力。DS18B20 数字温度传感器的封装图如图 13-5 所示。

　　由图 13-5 可知,使用时只需连接三个引脚。1 号引脚接地;2 号引脚为数据的输出端,连接单片机的 P2.4 引脚,实现温度的测量,得到的温度值用于补偿、修正超声波速度,以保证测距板有一个较高的测量精度。

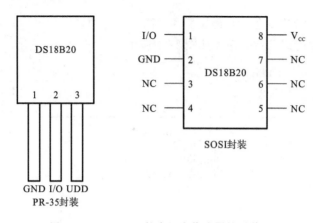

图 13-5　DS18B20 数字温度传感器的封装图

13.3.4　LCD 液晶显示电路

液晶显示选用 LCD1602 液晶显示器,LCD1602 是工业字符型液晶显示,可同时显示 32 个字符,每个液晶的点阵型液晶模块由若干个点阵字符位组成,每个点阵字符都可以显示一个字符(LCD1602 液晶模块内部的字符发生存储器(CCROM)已经存储了 160 个不同的点阵字符图形,这些字符有阿拉伯数字、大小写的英文字母常用的符号和日文假名等。每一个字符都有一个固定的代码,比如大写的英文字母 A 的代码是 01000001B(41H),显示时,模块把地址 41H 中的点阵字符图形显示出来,我们就能看到大写字母 A),每位之间有一个点距的间隔,每行之间也有间隔,起到字符间隔和行间隔的作用,LCD1602 适于 5 V 工作电压下,对比度可调,内含复位电路。

使用 Proteus 进行仿真时选择 LM016L 模块代替 LCD1602 液晶显示器。单片机的 P0 口连接 LM016L 的 D0～D7 端口,P2.0,P2.1 和 P2.2 引脚连接 LM016L 的 RS、R/W 和 E 使能端口。图 13-6 所示为 LM016L 与主板的连接图。

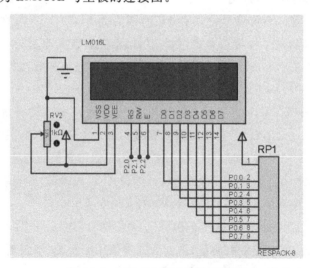

图 13-6　LM016L 与主板的连接图

13.3.5　报警电路和按键电路

报警电路使用蜂鸣器,蜂鸣器接单片机的 P3.3 引脚。按键电路的两个按键分别连接单片机的 P3.5 引脚和 P3.6 引脚,由于单片机的 P3 口内部有内置上拉电源,所以按键的另一端直接接地。按键具有开关的作用,K1、K2 可设置报警值,K1 为功能键,K2 为定值调整键。设定方法:模块接通工作电源处于工作状态后,单击功能键 K1,显示屏显示字符,之后转入显示当前报警定值,再次单击 K1 键,整数位闪动,代表整数位当前可调,单击 K2 键可进行数字设定,设定好整数位后,单击 K1 键可依次设定两位小数位。可调范围为 0~5.99。调整好之后单击 K1 键即可回到测量状态。另外,K1 键、K2 键还可控制液晶屏的开关,不按下显示实时距离以及实时温度数值,按下则不显示实时数值。

13.4　系统软件设计

超声波测距仪的软件设计部分主要由主程序、超声波模块触发控制程序、测距计时程序(超声波接收程序)、温度测量程序、显示程序、报警处理程序、温度补偿计算程序、按键处理程序等组成。软件采用模块化设计方法,包括主程序、超声波测距子程序、温度测量子程序、距离计算子程序、显示子程序、键盘扫描处理子程序等。

系统上电后,首先进行初始化,之后进入主程序,并开始测量空气温度,然后修正超声波的传播速度,之后由单片机的 P2.5 引脚产生 10 μs 的高电平信号,触发 HC-SR04 超声波测距模块进行测距,然后启动定时器 T0 开始计时,同时置单片机 P3.2 引脚为高电平。当 P3.2 检测到 HC-SR04 超声波测距模块 ECHO 口送来的低电平信号时,即收到回波时,程序停止 T0 计时,保存定时器的计数值并取出换算出的距离值,然后进行显示处理,同时进行判断处理,若达到报警条件,则进行报警处理,发出报警声响。

温度补偿措施使测量精度有了明显提高,计算出距离后调用距离显示子程序,LCD1602 显示距离和温度。进行完一次测量、显示等处理后,程序重复进行下一次测量工作。

13.4.1　主程序设计流程图

图 13-7 为超声波测距仪系统主程序流程图。

13.4.2　超声波测距程序

超声波测距子程序首先是由单片机 P2.5 引脚发送 10 μs 以上高电平,触发 HC-SR04 模块发射出 8 个周期频率为 40 kHz 的脉冲,当脉冲反射回来时,HC-SR04 自动接收,并由 ECHO 口输出对应时长的高电平脉冲,该高电平脉冲送到单片机的 P3.2 引脚,单片机发送完触发脉冲后,启动计时器工作,当单片机 P3.2 引脚接收到 HC-SR04 模块 ECHO 送回来的低电平时,单片机立即停止 T0 定时器计时,计时器所得到的时间可取出并用于计算距离值。超

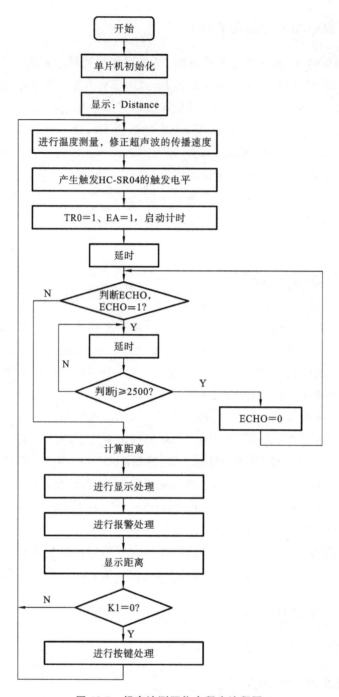

图 13-7 超声波测距仪主程序流程图

声波发送及超声波接收程序流程图如图 13-8 所示。

13.4.3 温度测量程序

DS18B20 传感器温度测量程序流程图如图 13-9 所示。

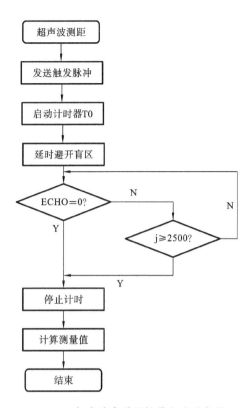

图 13-8　超声波发送及接收程序流程图

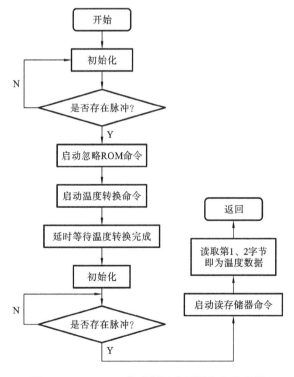

图 13-9　DS18B20 传感器温度测量程序流程图

13.4.4 程序清单

程序清单运行示例,请扫描右侧二维码。

```c
#include<REGX51.h>
#include<intrins.h>
#include<stdio.h>
#define uchar unsigned char
#define uint unsigned int;
sbit k1=P3^5;
sbit k2=P3^6;
sbit csb=P2^5;                    //TRIG
sbit csbint=P3^2;                 //ECHO
sbit bg=P2^6;                     //液晶屏背光控制
sbit fmq=P3^3;                    //蜂鸣器
sbit RS=P2^0;                     //定义液晶屏定义端口
sbit RW=P2^1;                     //定义液晶屏定义端口
sbit EN=P2^2;                     //定义液晶屏定义端口
sbit DQ=P2^4;                     //DS18B20端口
#define RS_CLR RS=0
#define RS_SET RS=1
#define RW_CLR RW=0
#define RW_SET RW=1
#define EN_CLR EN=0
#define EN_SET EN=1
unsigned char aa[]={' ',' ','D','i','s','t','a','n','c','e',':'};   //Distance
unsigned char bb[11]={' ',' ',' ',' ','.',' ',' ',' ',' ',};
unsigned char cc[]={'A','.','A','A','m'};
unsigned char zf,a1,a2,a3,xs,e,n,m,z;
//zf温度正负标志位;a1、a2、a3按键用于设定程序中定值的米、分米、厘米临时存储变量;xs、e用
    于按键程序中设定位闪动显示的变量;flag未用,n是背光控制标志位变量
unsigned int dz,k,s,j,bgz,k;
int temp;
float temperature,csbc,wdz;
bit wh;


/*----------------------函数声明----------------------*/
unsigned int ReadTemperature(void);
bit Init_DS18B20(void);
unsigned char ReadOneChar(void);
void WriteOneChar(unsigned char dat);
void LCD_Write_String(unsigned char x,unsigned char y,unsigned char * s);
void LCD_Write_Char(unsigned char x,unsigned char y,unsigned char Data);
void init();
void write_com(unsigned char com);
void write_data(unsigned char date);
```

```
void DelayUs2x(unsigned char t);
void DelayMs(unsigned char t);


/*----------------------------------------------------------
Us 延时函数,含有输入参数 unsigned char t,无返回值
unsigned char 是定义无符号字符变量,其值的范围是 0～255
这里使用晶振 12 MHz,精确延时请使用汇编,大致延时长度为 T=tx2+5 μs
----------------------------------------------------------*/
void DelayUs2x(unsigned char t)
{
    while(--t);
}


/*----------------------------------------------------------
Ms 延时函数,含有输入参数 unsigned char t,无返回值
unsigned char 是定义无符号字符变量,其值的范围是 0～255
这里使用晶振 12 MHz,精确延时请使用汇编
----------------------------------------------------------*/
void DelayMs(unsigned char t)
{
    while(t--)                      //大致延时 1 ms
    {
        DelayUs2x(245);
        DelayUs2x(245);
    }
}


/*-----------------------DS18B20 初始化-----------------------*/
bit Init_DS18B20(void)
{
    bit dat=0;
    DQ=1;                           //DQ 复位
    DelayUs2x(5);                   //稍作延时
    DQ=0;                           //单片机将 DQ 拉低
    DelayUs2x(200);                 //精确延时大于 480 μs 小于 960 μs
    DelayUs2x(200);
    DQ=1;                           //拉高总线
    DelayUs2x(50);                  //15～60 μs 后接收 60～240 μs 的存在脉冲
    dat=DQ;                         //如果 x=0,则初始化成功;若 x=1,则初始化失败
    DelayUs2x(25);                  //稍作延时返回
    return dat;
}

/*--------------------读取一个字节--------------------*/
unsigned char ReadOneChar(void)
{
    unsigned char i=0;
```

```
        unsigned char dat=0;
        for (i=8;i>0;i--)
        {
            DQ=0;                          //给脉冲信号
            dat>>=1;
            DQ=1;                          //给脉冲信号
            if(DQ)
            dat|=0x80;
            DelayUs2x(25);
        }
        return(dat);
}



/*-------------------写入一个字节-------------------*/
void WriteOneChar(unsigned char dat)
{
    unsigned char i=0;
    for (i=8; i>0; i--)
    {
        DQ=0;
        DQ=dat&0x01;
        DelayUs2x(25);
        DQ=1;
        dat>>=1;
    }
    DelayUs2x(25);
}



/*------------------读取温度------------------*/
unsigned int ReadTemperature(void)
{
    unsigned char a=0;
    int b=0;
    int t=0;
    float tt=0;
    while(Init_DS18B20());          //检测初始化是否成功
    WriteOneChar(0xCC);             //跳过读序号列号的操作
    WriteOneChar(0x44);             //启动温度转换
    DelayMs(10);
    Init_DS18B20();
    WriteOneChar(0xCC);             //跳过读序号列号的操作
    WriteOneChar(0xBE);             //读取温度寄存器等(共可读 9个寄存器),前两个就是温度
    a=ReadOneChar();               //低位
    b=ReadOneChar();               //高位
    t=b;
    t<<=8;
```

```
        t=t|a;
        tt=t* 0.0625;
        t=tt* 10+0.5;
        return(t);
    }

main()
{
    TH0=0;
    TL0=0;
    TMOD=0X11;                      //T1、T0 为 16 位定时器
    EA=0;
    bg=0;
    n=0;
    m=0;
    z=0;
    init();
    Init_DS18B20();                 //初始化 DS18B20 温度传感器
    dz=120;                         //报警定值
    bb[6]=0xdf;
    bb[7]=0x43;
    e=4;
    cc[0]=dz/100+'0';
    cc[2]=dz/10%10+'0';
    cc[3]=dz%10+'0';
    LCD_Write_String(0,0,aa);
    LCD_Write_String(11,1,cc);
    while(1)
    {
        temp=ReadTemperature();     //测量温度
        if(temp<0)                  //温度正负值判断处理
        {
            temp=-(temp-1);
            zf=1;
            bb[0]='-';
        }
        else
        {
            zf=0;
            bb[0]=' ';
        }
        csb=1;                      //启动一次 HC-SR04 超声波测距模块
        _nop_();
        _nop_();
        _nop_();
        _nop_();
        _nop_();
```

```c
    _nop_();
    _nop_();
    _nop_();
    _nop_();
    _nop_();
    _nop_();
    _nop_();
    _nop_();
    _nop_();
    _nop_();
    csb=0;
    ET0=1;                          //启动计数器 T0,用以计时
    TR0=1;
    EA=1;
    j=60;                           //延时
    while(j--)
    {
    }
    csbint=1;
    j=0;
    while(csbint)                   //判断接收回路是否收到超声波的回波
    {
        j++;
        if(j>=2500)
        //如果达到一定时间没有收到回波,则将 csbint 置零,退出接收回波处理程序
        csbint=0;
    }
    TR0=0;
    s=TH0* 256+TL0;                 //读取时间数据
    TH0=0;
    TL0=0;
    wdz=0.00000607* temp;           //温度补偿计算
    if(zf==0)
    {

        csbc=0.03315+wdz;
    }
    else csbc=0.03315-wdz;
    csbc=csbc/2;
    s=s* csbc-8;
    if(s<10)                        //测量值小于下限
    {
        cc[0]='-';
        cc[2]='-';
        cc[3]='-';
    }
```

```
else if(s>500)                          //测量值大于上限
{
    cc[0]='C';
    cc[2]='C';
    cc[3]='C';
}
else
{
    cc[0]=s/100+'0';
    cc[2]=s/10%10+'0';
    cc[3]=s%10+'0';
}
if(s<dz)
{
    fmq=0;
    bgz=s* 5;
    for (k=0;k<bgz;k++)
    {
        DelayUs2x(150);
    }
}
fmq=1;
bb[1]=temp/1000+0x30;
bb[2]=temp/100%10+0x30;                  //显示十位
bb[3]=temp%100/10+0x30;                  //显示个位
bb[5]=temp%10+0x30;                      //小数
if(zf==0)
{
    if(temp<1000)
    {
        bb[1]=' ';
        if(temp<100)
        {
            bb[2]=' ';
        }
    }
}
else
{
    if(temp<1000)
    {
        bb[1]='-';
        bb[0]=' ';
        if(temp<100)
        {
            bb[0]=' ';
            bb[1]=' ';
```

```
                bb[2]='-';
            }
        }
    }
    LCD_Write_String(0,1,bb);
    LCD_Write_String(11,0,cc);
    while(!k2)                        //液晶背面开关
    {
        n=1;
    }
    if(n==1)
    {
        bg=~bg;                       //bg=0 时开背光灯
        n=0;
    }
    if(!k1)                           //按键处理程序
    {
        TR1=0;
        TR0=0;
        cc[0]='A';
        cc[1]='.';
        cc[2]='A';
        cc[3]='A';
        cc[4]='m';
        LCD_Write_String(11,1,cc);
        k=500;
        while(k)
        {
            k--;
            DelayMs(2);
        }
        cc[0]=dz/100+'0';
        cc[2]=dz/10%10+'0';
        cc[3]=dz%10+'0';
        LCD_Write_String(11,1,cc);
        a1=dz/100;
        a2=dz/10%10;
        a3=dz%10;
        n=1;
        while(n)
        {
            if(!k2)
            {
                while(!k2);
                e=1;
                xs=3;
                a1+=1;
```

```
        if(a1>5)
        a1=0;
        cc[0]=a1+'0';
    }
    if (e==1)
    {
        xs++;
        cc[0]=a1+'0';
        if(xs>6)
        {
            xs=0;
            e=0;
        }
    }
    else
    {
        cc[0]=' ';
        xs++;
        if(xs>3)
        {
            xs=0;
            e=1;
        }
    }
    LCD_Write_String(11,1,cc);
    if(!k1)
    {
        while(!k1);
        cc[0]=a1+'0';
        m=1;
        while(m)
        {
            if(!k2)
            {
                while(!k2);
                e=1;
                xs=3;
                a2+=1;
                if(a2>9)
                a2=0;
                cc[2]=a2+'0';
                LCD_Write_String(11,1,cc);
            }
            if(e==1)
            {
                xs++;
                cc[2]=a2+'0';
```

```
                    if(xs>6)
                    {
                        xs=0;
                        e=0;
                    }
                }
                else
                {
                    cc[2]=' ';
                    xs++;
                    if(xs>3)
                    {
                        xs=0;
                        e=1;
                    }
                }
                LCD_Write_String(11,1,cc);
                if(!k1)
                {
                    while(!k1);
                    cc[2]=a2+'0';
                    z=1;
                    while(z)
                    {
                        if(!k2)
                        {
                            while(!k2);
                            e=1;
                            xs=3;
                            a3+=1;
                            if(a3>9)
                            a3=0;
                            cc[3]=a3+'0';
                            LCD_Write_String(11,1,cc);
                        }
                        if (e==1)
                        {
                            xs++;
                            cc[3]=a3+'0';
                            if(xs>6)
                            {
                                xs=0;
                                e=0;
                            }
                        }
                        else
                        {
```

```
                                        cc[3]=' ';
                                        xs++;
                                        if(xs>3)
                                        {
                                            xs=0;
                                            e=1;
                                        }
                                    }
                                    LCD_Write_String(11,1,cc);
                                    if(!k1)
                                    {
                                        while(!k1);
                                        dz=a1*100+a2*10+a3;
                                        n=0;
                                        m=0;
                                        z=0;
                                    }
                                }
                            }
                        }
                    }
                }
            }
        }
}


/*---------------------液晶屏显示处理--------------------*/
void write_com(unsigned char com)           //写命令
{
    RS_CLR;
    RW_CLR;
    P0=com;
    DelayMs(5);
    EN_SET;
    DelayMs(5);
    EN_CLR;
}
void write_data(unsigned char date)         //写一个字符
{
    RS_SET;
    RW_CLR;
    P0=date;
    DelayMs(5);
    EN_SET;
    DelayMs(5);
    EN_CLR;
}
```

```
void init()                                    //初始化
{
    write_com(0x38);
    write_com(0x0c);
    write_com(0x06);
    write_com(0x01);
}


/*---------------------写入字符串函数---------------------*/
void LCD_Write_String(unsigned char x,unsigned char y,unsigned char* s)
{
    if (y==0)
    {
        write_com(0x80+x);
    }
    else
    {
        write_com(0xC0+x);
    }
    while (*s)
    {
        write_data(*s);
        s++;
    }
}
```

13.5 系统仿真及调试

经过 Keil 软件编译后,在 Proteus 软件编辑环境中绘制仿真电路图,将编译好的.hex 文件加载到 AT89C51 单片机中,启动仿真,就可以看到仿真效果,如图 13-10 及图 13-11 所示。

由前文中提及的超声波测距的原理可知返回时间与距离的关系,仿真时,用示波器观察模块的 TRIG 端及 ECHO 端(请自行添加示波器于超声波传感器两端,并读取返回时间值),由示波器得到返回时间为 14.7 ms,按照计算公式 s=340×t/2 计算距离,计算时把速度的单位换算成 cm/μs。按照时间计算的距离值为:s=0.034×(14.70×1000)/2=249.9(cm)。图 13-10 中仿真测量的结果为 250 cm,仿真时用示波器测量到时间换算成的距离与显示的基本一致。

增加距离或减小距离可见液晶显示器的测量数据跟着改变,也可使用功能键以及加键更改报警距离,当测量距离小于报警距离时,则可听到蜂鸣器响起。也可调节传感器的环境温度,LCD 上显示的温度也会随之改变。仿真如图 13-11 所示。另经仿真本设计可测量的距离范围为 0.2 m~5 m。

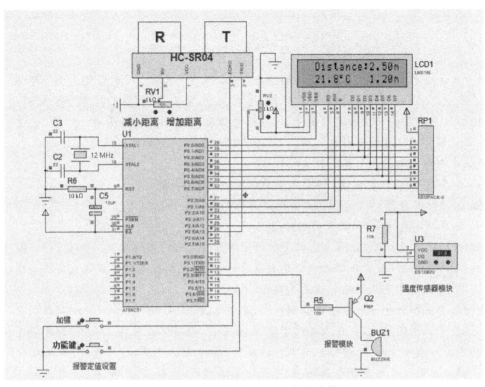

图 13-10   测量结果为 250 cm 的仿真效果

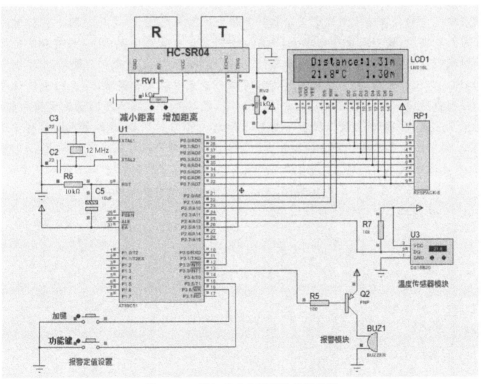

图 13-11   增加或减少距离的仿真效果

小贴示

超声波是一种频率高于20000 Hz的声波,因其频率下限大于人的听觉上限而得名。超声波在气体、液体及固体中以不同的速度传播,定向性好、能量集中、传输过程中衰减较小、反射能力较强,超声波能以一定速度定向传播,遇障碍物后形成反射。利用这一特性,通过测定超声波往返所用时间就可计算出实际距离,从而实现无接触测量物体距离。

超声波测距有以下几个特点。

(1)频率越高,精度也越高,但检测距离越近(空气衰减增大)。

(2)输出功率越高,灵敏度越高,检测距离也越远。

(3)通常检测角度小的,测距范围略远。

(4)除上述特点以外,被测物体本身对测量准确性带来的影响更大。例如,一个刚性表面(如钢板)和一根铁丝,或者在钢板表面铺满吸音绵,或者把钢板与探头法线夹角从垂直改为倾斜45°等,这些因素所带来的影响是最大的。

由于超声波测距是一种非接触检测技术,测距迅速、方便,不受光线、被测对象颜色、烟雾、空气能见度等因素的影响,在较恶劣的环境(如含粉尘)具有一定的适应能力,因此用途极其广泛,可应用于水文液位测量、建筑施工工地的测量、现场的位置监控、振动仪、车辆倒车障碍物的检测、移动机器人探测定位等领域,可用于测绘地形图,建造房屋、桥梁、道路、开挖矿山、油井等多种场合。

超声波测距作为一种典型的非接触测量方法,与其他如激光测距、微波测距等相比较,因为声波在空气中的传播速度远远小于光线和无线电波的传播速度,对于时间测量精度的要求远小于激光测距、微波测距等系统,所以超声波测距系统电路易实现、结构简单和造价低。但是超声波测距在实际应用中也有很多局限性,一是超声波在空气中的衰减极大,由于测量距离的不同,造成回波信号的起伏,使回波到达时间的测量产生较大的误差;二是超声波脉冲回波在接收过程中被极大地展宽,影响了测距的分辨率,尤其是对近距离的测量造成较大的影响。这都影响了超声波测距的精度。还有一些其他因素,诸如环境温度、风速等也会对测量造成一定的影响,这些因素都限制了超声波测距在一些对测量精度要求较高场合的应用,如何解决这些问题,提高超声波测距的精度,具有较大的现实意义。目前的测距量程上通常在十米以内,也有少数厂家能达到几十米甚至百米,测量的精度能达到毫米数量级。

第14章 病房呼叫系统的设计

14.1 项目要求

设计一款病房呼叫系统,要求实现以下功能。

(1) 系统能控制 8 个病房的情况。

(2) 每个病房有独立按键和指示灯。

(3) 要求护士值班室有 1 个响应键。

(4) 要求护士站内有 1 块 LCD。

(5) 要求护士站内有与病房号对应的警报灯。

(6) 若某一个病房呼叫,护士站内的 LCD 上显示相应的病房号,而且与该病房号对应的指示灯也要点亮,并响铃报警。

(7) 当护士处理完相应病房的事情时,可按下按键,红色报警灯熄灭表示护士已处理完事情。

(8) 若多个病房同时呼叫,则以按键顺序显示病房房号。当护士收到所有病房情况以后,按下按键即可使系统回到初始状态。

14.2 方案论证

每个病房都对应一个按键和指示灯,当患者有需要时,按下按键,此时值班室的 LCD 上可显示此患者的病房号,医护人员可按下响应键取消当前呼叫。病房呼叫系统结构框图如图 14-1 所示。

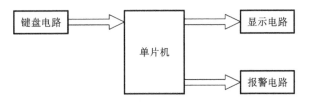

图 14-1 病房呼叫系统结构框图

底层硬件系统主要包括 AT89C51 单片机系统、输入键盘电路、时钟电路、复位电路、声光报警电路和 LCD 显示电路。当有按键被按下时,输入键盘电路将发出指令到 AT89C51 单片机,单片机处理完信号后,LCD 显示电路和声光报警电路开始运行,待操作人员完成操作后,可按下复位键,运行复位电路,即发送信号给单片机完成系统的复位动作。

14.3　系统硬件电路设计

病房呼叫系统硬件电路由单片机系统、8 个独立按键、8 个指示灯、报警电路及 LCD 显示电路组成。图 14-2 所示为病房呼叫系统电路原理图。

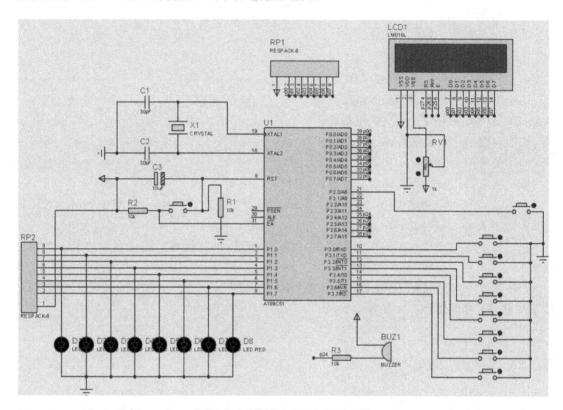

图 14-2　病房呼叫系统电路原理图

14.3.1　单片机系统及外围电路

本系统采用 AT89C51 单片机为核心控制器,独立式键盘输入,用键盘模拟病房内的报警按钮。当按下按键时,LCD1602 液晶显示器显示病房号,蜂鸣器同步发声,当按下复位键时,LCD1602 液晶显示器不显示,且蜂鸣器停止发声。

在系统电路设计中,单片机模块的电路设计主要包括各电路引脚的分配和连接,其中单片机的 XTAL1 引脚和 XTAL2 引脚用来连接单片机的时钟电路;RST 引脚用来接复位电路,使系统完成复位操作;P0 口接显示屏,用于向显示屏传输信息;P1 口作为八位可独立控制接口,在此设计中用于控制指示灯的亮灭,显示对应病房的呼叫情况;P2 口用来接蜂鸣器及 LCD 的控制端口;P3 口接 8 个对应床位的呼叫按键。

14.3.2 报警电路

报警电路是整个呼叫系统不可缺少的部分,本系统采用声光报警,声光报警电路如图 14-3 所示。当病人按下呼叫按钮后,护士站内与病房相对应的红色警示灯点亮,同时蜂鸣器发声报警。

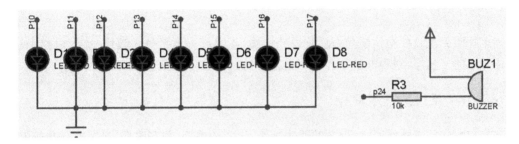

图 14-3 声光报警电路

14.3.3 显示电路

本设计的显示模块选用 LCD1602 液晶显示器。LCD1602 液晶显示器是工业字符型液晶屏,能够同时显示 32 个字符。LCD 显示电路如图 14-4 所示。

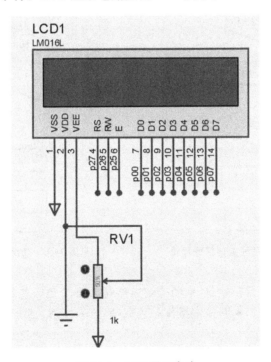

图 14-4 LCD 显示电路

将显示屏的 8 个数据端 D0～D7 分别连接单片机的 P0.0～P0.7 引脚,单片机向 LCD 发出信号,LCD 显示对应病房的号码;RS 是状态控制端,连接 P2.7 口;RW 是读/写控制端,连接 P2.6 口,读入单片机发出的信息;E 为使能端,连接 P2.5 口,E 为低电平时,单片机将信息写入 LCD,E 为高电平时,用于从 LCD 读出数据;VDD 端口接系统电源 VCC,而负电源端口 VSS 接地即可。

14.4　系统软件设计

病房呼叫系统软件结构使用模块化设计方法,系统可分为系统主程序、显示电路子程序、按键输入电路子程序、报警电路子程序和按键的初始化电路子程序等。

14.4.1　系统主程序设计

本文介绍的病房呼叫系统,以单片机为核心,以时钟电路、报警电路、显示电路和按键输入电路为辅完成操作。病房呼叫系统主程序流程图如图 14-5 所示。

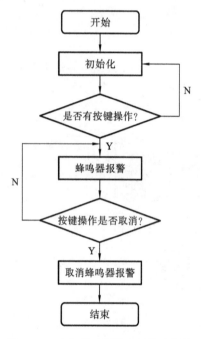

图 14-5　病房呼叫系统主程序流程图

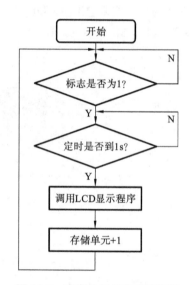

图 14-6　病房号显示程序流程图

首先对各存储单元进行初始化,判断按键电路是否有按键操作,如果有按键操作,则启动蜂鸣器报警,然后向下运行,判断按键操作是否取消,若未取消,则继续报警,若已取消,则取消蜂鸣器报警,最后重置程序。

14.4.2　显示电路程序设计

首先,单片机控制电路会启动初始化程序,来清除单片机内部的数据信号值,通过按键设置来判断程序对应存储器的数据是否为 0,若检测到数据为 0,则说明单片机内部存储单元没有数据写入,这时,再一次调用程序去检测单片机中的下一存储器中的数据是否为 0,直到系统检测到存储器中的数据是 1 为止。若检测到的数值为 1,则单片机处理存储器中的数值,然后把处理完的值发送到 LCD 中,接着单片机调用 LCD 显示程序,实现对病房号的显示。病房号显示子程序流程图如图 14-6 所示。

14.4.3 按键输入电路程序设计

按键输入电路的作用是向系统输入房号。将对应按键与 I/O 口连接,使按键号、屏幕号以及对应指示灯可被统一控制。当按键按下时,会给系统发送一个 0 值,单片机系统收到报警信号,系统将把对应信号发送给报警电路。按键输入电路子程序流程图如图 14-7 所示。

14.4.4 报警电路程序设计

报警电路流程的第一步是初始化程序。若蜂鸣器收到单片机传递的信号为 0,则蜂鸣器开始报警,若得到报警信号为 1,则取消报警。报警电路子程序流程图如图 14-8 所示。

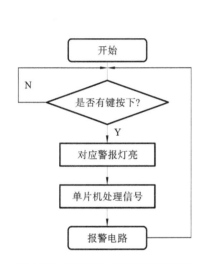

图 14-7 按键输入电路程序流程图

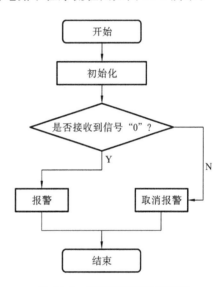

图 14-8 报警电路程序流程图

14.4.5 程序清单

程序清单运行示例,请扫描右侧二维码。

```
#include<reg52.h>                    //调用单片机头文件
#define uchar unsigned char          //无符号字符型,宏定义,变量范围 0~255
#define uint   unsigned int          //无符号整型,宏定义,变量范围 0~65535

uchar code table_num[]="0123456789abcdefg";

sbit rs=P2^7;                        //寄存器选择信号,H:数据寄存器,L:指令寄存器
sbit rw=P2^6;                        //寄存器选择信号,H:数据寄存器,L:指令寄存器
```

```
sbit e= P2^5;                          //片选信号,下降沿触发

sbit beep= P2^4;
sbit key_quxiao= P2^0;                 //取消键
uchar flag_en;
uchar i;

bit flag_300ms ;                       //300 ms 的标志位

sbit led1= P1^0;                       //1 号病房指示灯
sbit led2= P1^1;                       //2 号病房指示灯
sbit led3= P1^2;                       //3 号病房指示灯
sbit led4= P1^3;                       //4 号病房指示灯
sbit led5= P1^4;                       //5 号病房指示灯
sbit led6= P1^5;                       //6 号病房指示灯
sbit led7= P1^6;                       //7 号病房指示灯
sbit led8= P1^7;                       //8 号病房指示灯

uchar dis_lcd[8];                      //8 个病房数据显示的缓冲区
uchar br_geshu;                        //报警病人数

/*-------------延时 1 ms 函数,输入 q-------------*/
void delay_1ms(uint q)
{
    uint i,j;
    for(i=0;i<q;i++)
        for(j=0;j<120;j++);
}

/*-------------延时函数---------------*/
void delay_uint(uint q)
{
    while(q--);
}

/*-----------LCD1602 写命令函数--------------*/
void write_com(uchar com)
{
    e=0;
    rs=0;
    rw=0;
    P0=com;
    delay_uint(3);
    e=1;
    delay_uint(25);
```

```
        e=0;
}


/*--------------LCD1602 写数据函数---------------*/
void write_data(uchar dat)
{
        e=0;
        rs=1;
        rw=0;
        P0=dat;
        delay_uint(3);
        e=1;
        delay_uint(25);
        e=0;
}


/*-----------LCD1602 显示字符函数------------------*/
void write_string(uchar hang,uchar add,uchar* p)
{
        if(hang==1)
                write_com(0x80+add);
        else
                write_com(0x80+0x40+add);
                while(1)
                {
                        if(* p=='\0') break;
                        write_data(* p);
                        p++;
                }
}
/*---------------LCD1602 显示字符函数--------------------*/
void write_string_ge(uchar hang,uchar add,uchar* p,uchar ge)
{
        if(hang==1)
                write_com(0x80+add);
        else
                write_com(0x80+0x40+add);
        for(i=0;i<ge;i++)
                write_data(* p++);
}


/*----------------LCD1602 初始化设置--------------------*/
void init_1602()                            //LCD1602 初始化设置
{
        write_com(0x38);
```

```
    write_com(0x0c);
    write_com(0x06);
    delay_uint(1000);
    write_string(1,0,"bingfang hujiao");
    write_string(2,0,"wu bingren");
}


/*---------------定时器0初始化----------------*/
void time0_init()
{
    EA=1;                                   //开总中断
    TMOD=0X01;                              //定时器0、工作方式1
    ET0=1;                                  //开定时器0中断
    TR0=1;                                  //允许定时器0定时
}


/*---------------独立按键程序-----------------*/
uchar key_can;                              //按键值

void key()                                  //独立按键程序
{
    static uchar key_new;
    key_can=20;                             //按键值还原
    P3 |=0xff;                              //对应的按键I/O口输出为1
    if((P3 & 0xff) !=0xff)                  //按下按键
    {
        delay_1ms(1);                       //按键消抖
        if(((P3 & 0xff) !=0xff) && (key_new==1))
        {                                   //确认按下按键
            key_new=0;
            switch(P3 & 0xff)
            {
                case 0xfe:key_can=1;break;  //得到按键值
                case 0xfd:key_can=2;break;  //得到按键值
                case 0xfb:key_can=3;break;  //得到按键值
                case 0xf7:key_can=4;break;  //得到按键值
                case 0xef:key_can=5;break;  //得到按键值
                case 0xdf:key_can=6;break;  //得到按键值
                case 0xbf:key_can=7;break;  //得到按键值
                case 0x7f:key_can=8;break;  //得到按键值
            }
        }
    }
    else
        key_new=1;
}
```

```
/*----------------取消按键程序--------------------*/
void key_qx()
{
    static uchar key_new;
    key_quxiao=1;                                //对应的按键 I/O 口输出为 1
    if(key_quxiao==0)                            //按键按下
    {
        delay_1ms(1);                            //按键消抖
        if((key_quxiao==0) && (key_new==1))
        {                                        //确认按下按键
            key_new=0;
            key_can=9;
        }
    }
    else
        key_new=1;
}


/*--------------按键处理函数----------------*/
void key_with()
{
    uchar i;
    if(key_can<=8)
    {
        if(key_can==1)
            led1=1;                              //1 号病房灯亮
        if(key_can==2)
            led2=1;                              //2 号病房灯亮
        if(key_can==3)
            led3=1;                              //3 号病房灯亮
        if(key_can==4)
            led4=1;                              //4 号病房灯亮
        if(key_can==5)
            led5=1;                              //5 号病房灯亮
        if(key_can==6)
            led6=1;                              //6 号病房灯亮
        if(key_can==7)
            led7=1;                              //7 号病房灯亮
        if(key_can==8)
            led8=1;                              //8 号病房灯亮
        flag_en=1;
        for(i=0;i<8;i++)
        {
            if(dis_lcd[i]==table_num[key_can])
            {
                flag_en=0;                       //说明这个病人已经按下按键了
            }
```

```
        }
        if(br_geshu<8)
        if(flag_en==1)                              //第一次按下呼叫按键
        {
            if(br_geshu==0)                         //第一次清除显示屏
                write_string(2,0,"          ");
            br_geshu++;                             //呼叫病人的人数加1
            dis_lcd[0]=table_num[key_can];          //把呼叫的病房号码保存起来
            for(i=7;i>0;i--)
                dis_lcd[i]=dis_lcd[i-1];
                //把当前病房号的数据向后移一位,当前位添加新的病房号
            write_string_ge(2,0,dis_lcd,br_geshu);     //显示呼叫的病房号
        }
    }
    if(key_can==9)                                  //取消键的处理
    {
        if(br_geshu>0)
        {
            if(dis_lcd[br_geshu-1]=='1')
                led1=0;                             //1号病房灯灭
            if(dis_lcd[br_geshu-1]=='2')
                led2=0;                             //2号病房灯灭
            if(dis_lcd[br_geshu-1]=='3')
                led3=0;                             //3号病房灯灭
            if(dis_lcd[br_geshu-1]=='4')
                led4=0;                             //4号病房灯灭
            if(dis_lcd[br_geshu-1]=='5')
                led5=0;                             //5号病房灯灭
            if(dis_lcd[br_geshu-1]=='6')
                led6=0;                             //6号病房灯灭
            if(dis_lcd[br_geshu-1]=='7')
                led7=0;                             //7号病房灯灭
            if(dis_lcd[br_geshu-1]=='8')
                led8=0;                             //8号病房灯灭
            dis_lcd[br_geshu-1]=' ';
            br_geshu--;                             //呼叫的病房数减1
            write_string(2,0,"          ");         //清除显示屏
            write_string_ge(2,0,dis_lcd,br_geshu);
            if(br_geshu==0)                         //取消掉最后一个病房号在显示屏上的数据
            {
                write_string(2,0,"wu bingren");
                P1=0x00;
            }
        }
    }
}
```

```
/*----------------------主函数----------------------*/
void main()
{
    time0_init();                           //初始化定时器
    init_1602();                            //LCD1602初始化
    while(1)
    {
        key();                              //独立按键程序
        key_qx();                           //取消按键程序
        if(key_can<10)
            key_with();
        if(flag_300ms==1)
        {
            flag_300ms=0;
            if(br_geshu>0)
                beep=~beep;                 //蜂鸣器报警
            else
                beep=1;                     //取消报警
        }
    }
}


/*-------------定时器0中断程序-----------------*/
void time0() interrupt 1
{
    static uchar value;
    TH0=0X3C;
    TL0=0XB0;                               //延时50 ms
    value++;
    if(value>=6)                            //延时300 ms
    {
        value=0;
        flag_300ms=1;
    }
}
```

14.5 系统仿真及调试

经过 Keil 软件编译后,在 Proteus 软件编辑环境中绘制仿真电路,将编译好的. hex 文件
加载到 AT89C51 单片机中,启动仿真,就可以看到仿真效果。

(1) 若 1 号病房按下按键,则 1 号病房对应的显示灯亮,显示屏显示 1 号病房的号码,如
图 14-9 所示。

(2) 若此后 8 号病房也按下按键,则 8 号病房对应的显示灯也亮,显示屏同时依次从右向
左显示 1 号、8 号病房号码,如图 14-10 所示。

(3) 此时若按下响应键,将取消最前面的按键号及熄灭相应的 LED 灯,如图 14-11 所示。

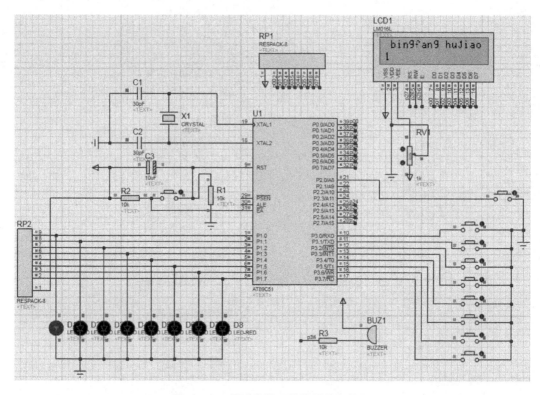

图 14-9　1 号病房按下按键的仿真效果

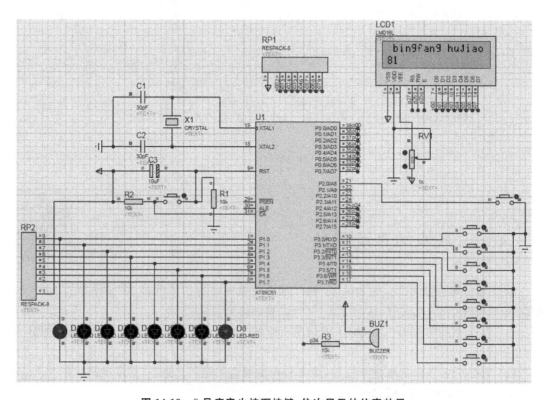

图 14-10　8 号病房也按下按键,依次显示的仿真效果

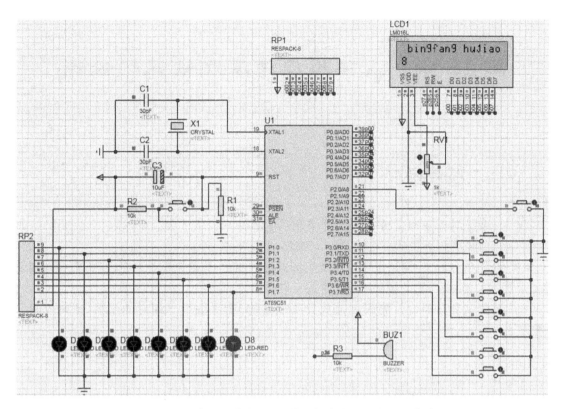

图 14-11 取消最前面的按键号及熄灭相应的 LED 灯的仿真效果

小贴示

　　病房呼叫系统是传送临床信息的重要手段,关系患者的安危。传统的病房呼叫系统普遍采用有线式,相对无线式呼叫系统而言,它不会干扰其他医疗仪器设备。在医院的病房里,每个床位边都安装有一个呼叫按钮,当患者需要帮助时,按下呼叫按钮,护士办公室里呼叫显示屏上显示相应房间号并进行声音提示。

　　病房呼叫系统是患者请求值班医生或护士进行诊断护理的紧急呼叫工具,可将患者的请求快速传送给值班医生或护士,是提高医院和病室护理水平、为患者创造良好住院环境的必要设备之一。该系统使用方便、操作简单,也可用于服务场合,以便客人和服务人员之间建立必要的联络。

第15章　人体反应速度测试仪的设计

15.1　项目要求

设计一款人体反应速度测试仪,要求实现以下功能。

(1) 当测试者按下测试按键后,测试灯亮起,测试随之开始。

(2) 在测试过程中,测试者要注意观察测试灯的变化,当看到测试灯熄灭时,测试者要迅速放开测试按键,数码管上会显示测试者的反应时间。

(3) 若测试者在测试灯熄灭之前放开测试按键,则无法得出相应的结果,数码管显示"9999"。

15.2　方案论证

以 AT89C51 单片机为核心的人体反应速度测试仪,主要控制测试灯的状态,通过测试按键的状态来间接计算人体反应速度。正常情况下,系统运行主程序一直处于空闲等待状态,直到测试者按下按键后,LED 测试灯立即点亮,同时单片机开始计算一个随机时间,在这段随机时间结束后,单片机控制 LED 测试灯熄灭,并开始计算灯灭与测试者放开按键的时间差,即测试者的反应时间,并以 ms 为单位将此时间显示在四位数码管上。

基于 AT89C51 单片机的人体反应速度测试仪由电源电路、LED 测试灯和测试按键电路及四位 LED 数码管显示电路等组成,其结构框图如图 15-1 所示。

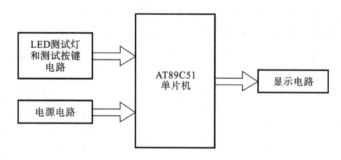

图 15-1　人体反应速度测试仪结构框图

15.3 系统硬件电路设计

用一只发光二极管模拟测试灯,通过 AT89C51 单片机的 P1.1 引脚控制这只发光二极管,发光二极管加入串联限流电阻,并接在+5 V 的电源下。P1.1 引脚输出低电平时,测试灯亮;输出高电平时,测试灯灭。P1.0 引脚接测试按键,P0 口控制 LED 数码管的七段数码显示,P2.0～P2.3 引脚控制四位数码管的位选。人体反应速度测试仪电路原理图如图 15-2 所示。

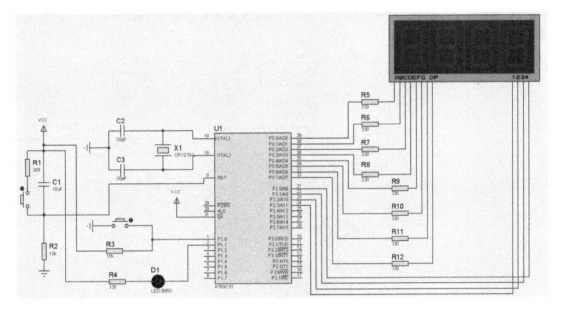

图 15-2 人体反应速度测试仪电路原理图

15.3.1 单片机系统及外围电路

本系统采用 AT89C51 单片机为核心控制器,单片机的 XTAL1 引脚和 XTAL2 引脚用来连接时钟电路,RST 引脚用来连接复位电路,使系统完成复位操作。P0 口接显示屏,用于向显示屏传输段码信息,P2 口的低四位接显示屏的位选。

15.3.2 LED 显示电路

在 LED 数码管的显示电路中,P0 口控制段码,低电平有效。P2.0～P2.3 引脚控制位码,高电平有效。P2.3 引脚控制第 1 个数码管,直到 P2.0 引脚控制第 4 个数码管。各个数码管的段码都由 P0 口输出,即各个数码管的段码都是一样的,为了使其分别显示不同的数字,可采用动态扫描的方式,即先只让最低位显示,经过一段时间延时,再让次低位显示,如此类推,由于人眼存在视觉暂留现象,只要延时时间足够短,就能使数码管的显示看起来非常稳定、清晰。

15.4 系统软件设计

15.4.1 系统主程序

系统主程序采用查询方式,当测试按键被按下时,单片机使 LED 测试灯亮的同时,调用随机函数产生一个随机时间,单片机根据这个随机时间计时,计时时间到,单片机产生一个输出使 P1.1 引脚变为低电平,LED 测试灯灭,单片机进行新一轮的计时,松开测试按键,计时时间停止,系统将这个时间送去数码管显示。人体反应速度测试仪系统主程序流程图如图 15-3所示。

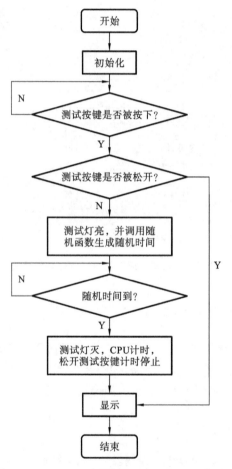

图 15-3　人体反应速度测试仪系统主程序流程图

15.4.2 程序清单

程序清单运行示例,请扫描右侧二维码。

```c
#include<stdlib.h>
#include<stdio.h>
#include<reg52.h>

sbit key=P1^0;
sbit led=P1^1;

typedef unsigned char byte;
typedef unsigned int word;
static byte disp[5];
code byte table[11]={0xc0,0xf9,0xa4,0xb0,0x99,0x92,0x82,0xf8,0x80,0x90};
                                        //byte table[]内存放数码管表

/*----------读取按键,若有按键被按下,则返回0,否则返回1----------*/
byte bot(void)
{
    if(key==0) return 0;
    else return 1;
}

/*----------将缓存区display[]中的整数译码后用数码管进行显示----------*/
void display(word ms)
{
    byte posi=0x01,i,j,temp;
    disp[3]=ms / 1000;                  //1s
    disp[2]=(ms %1000) / 100;
    disp[1]=(ms %100) / 10;
    disp[0]=ms %10;

    for(i=0;i<4;i++)
    {
        temp=disp[i];
        temp=table[temp];
        for(j=0;j<200;j++)              //延时
        {
            P2=posi;                    //反应时间在四位数码管中以 ms 形式显示
            P0=temp;
        }
        posi * =2;
    }
}

/*------------调用系统随机函数,生成随机数--------------*/
unsigned long random(void)
{
```

```
    word rt;
    byte k=0;
    srand(50000);                          //生成随机数,范围为 0~50000
    rt=rand();
    rt=rt * rand();
    return rt;
}


void INIT_TMR1(void)
{
    TMOD=0x11;
    TH1=0xfc;
    TL1=0x66;
    TR1=1;
}


/*------------延时 1 ms----------*/
void delaylms(void)
{
    INIT_TMR1();
    while(1)
    {
        if(TF1==1)
        {
            break;
        }
    }


}

/*---------------主函数-------------*/
void main(void)
{
    byte k=0;
    k=bot();                               //获取按键情况
    P1=0xff;                               //读按键前,先把 P1 口置 1
    while(1)                               //主循环开始
    {
        word mstime=0,j;
        word r;
        while(bot());                      //等待按键被按下,否则始终等待
        led=0;                             //按键被按下后,测试灯亮
        r=random();
        for(j=r;j>0;--j)
        {
        delaylms();
```

```
        k=bot();

        if(k==1)   //如果在发光二极管亮前弹起按键,则数码管显示的时间最长
            {
                mstime=9999;
                goto loop;
            }
    }
    led=1;                          //灯灭
    INIT_TMR1();
    while(1)   //如果按键弹起,反复进入定时状态,每1 ms计数器溢出一次,毫秒数加1
    {
        if(TF1==1)
        {
            TH1=0xfc;
            TL1=0x18;
            TR1=1;
            TF1=0;
            ++mstime;
        }
        if(k=bot()) break;
    }
    loop:led=1;
    while(1)
    {
        if(k==1)                         //按键弹起后,始终显示时间
        {
            k=bot();
            display(mstime);
        }
        else
        {
            mstime=0;
            P2=0xff;
            break;
        }
    }
}
}
```

15.5 系统仿真及调试

经过 Keil 软件编译后,在 Proteus 软件编辑环境中绘制仿真电路图,将编译好的.hex 文件加载到 AT89C51 单片机中,启动仿真,就可以看到仿真效果,如图 15-4 和图 15-5 所示。

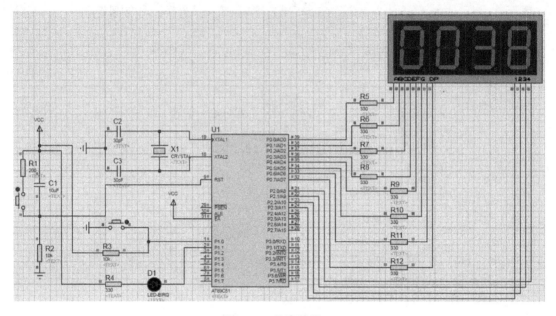

图 15-4　仿真效果 1

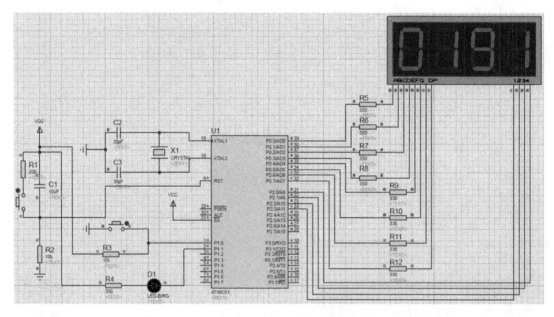

图 15-5　仿真效果 2

小贴示

反应速度是指人体对于各种信号刺激（声、光、触）的反应能力，即人体对刺激产生反应的快慢。有的人反应速度较快，有的人则较慢，而且，随着年龄的增长，反应速度也会逐渐减慢。因此，反应速度也是人类衰老程度的一个指标。

一般正常人的反应时间通常在 300 ms 左右，而一个训练有素的专业人员也只能达到 100 ms～200 ms，人类反应速度的极限目前科学界公认为 100 ms。反应速度由神经反射通路的传导速度所决定，很大程度上取决于遗传因素，因此，反应速度能力遗传度高，发展空间较小。反应速度可以通过训练使潜在的能力表现出来，训练中注意力集中，可使神经系统处于适宜的兴奋状态，使肌肉处于紧张待发状态，此时，肌肉的反应速度比处于放松状态时的反应速度高 60% 左右。

第16章 16×16 点阵 LED 电子显示屏的设计

16.1 项目要求

设计一款 16×16 点阵 LED 电子显示屏,要求实现以下功能。

(1) 设计一个 16×16 点阵 LED 电子显示屏,采用 4 块 8×8 点阵 LED 显示模块,组成 16×16点阵 LED 电子显示屏。

(2) 该电子显示屏可以显示各种文字或单色图像,全屏能显示 1 个汉字。

(3) 图形或文字的显示方式有卷帘(帘入、帘出)和滚屏(左移、右移)。

(4) 在目测条件下,LED 电子显示屏各点亮度均匀、充足,显示的图形和文字应稳定、清晰、无串扰。

16.2 方案论证

从理论上说,不论是显示图形还是文字,只要控制与组成这些图形或文字的各个点所在的位置相对应的 LED 器件的亮灭,就可以得到我们想要的显示效果,这种同时控制各个发光点亮灭的方法称为静态驱动显示方式。16×16 的点阵共有 256 个发光二极管,显然单片机没有这么多的端口,如果采用锁存器来扩展端口,按八位的锁存器来计算,16×16 的点阵需要 32 (256/8=32)个锁存器,而在实际应用中的显示屏往往要比 16×16 的点阵大得多,这样在锁存器上所花费的成本将是一个很庞大的数字。因此,实际应用中,显示屏几乎都不采用这种设计,而采用另外一种称为动态扫描的显示方法。

简单地说,动态扫描就是实行轮流点亮,这样扫描驱动电路就可以实现多行(比如 16 行)的同名列共用一套驱动器。具体就 16×16 的点阵来说,把所有同一行的发光管的阳极连在一起,又把所有同一列的发光管的阴极连在一起(共阳极的接法)。先送出对应第 1 行发光二极管亮灭的数据并锁存,再选通第 1 行使其燃亮一定时间,熄灭;再送出第 2 行的数据并锁存,然后选通第 2 行使其燃亮相同的时间,然后熄灭;以此类推,第 16 行熄灭之后,又重新燃亮第 1 行,反复轮回。只要轮回的速度足够快(每秒 24 次以上),由于人眼存在视觉暂留现象,因此人们可以在显示屏上看到稳定的图形。

采用扫描方式进行显示时,每一行有一个行驱动器,各行的同名列共用一个驱动器。显示数据通常存储在单片机的存储器中,按八位 1 个字节的形式顺序摆放。显示时要把每行中各列的数据都传送到相应的列驱动器上去,这就存在显示数据传输的问题。从控制电路到列驱动器的数据传输可以采用并行方式或串行方式。显然,采用并行方式时,从控制电路到列驱动器的线路数量大,相应的硬件数目多。当列数很多时,并行方式是不可取的。

采用串行方式时,控制电路可以只用一根信号线,将列数据一位一位地传往列驱动器,从硬件使用方面来考虑,这种方式无疑是十分经济的。但是,串行传输过程较长,数据按顺序一位一位地输出给列驱动器,只有当某行的各列数据都传输到位之后,这一行的各列才能并行地进行显示。这样,每行的显示过程就可以分解成列数据准备(传输)和列数据显示两部分。对于串行传输方式来说,列数据准备时间可能相当长,在行扫描周期确定的情况下,留给行显示的时间就太短了,以致会影响到 LED 的亮度。

可以采用重叠处理的方法来解决串行传输中列数据准备和列数据显示的时间矛盾的问题。即在显示某行各列数据的同时,传送下一列数据。为了达到重叠处理的目的,列数据的显示就需要具有锁存功能。经过上述分析,就可以归纳出列驱动器电路应具有的功能。对于列数据准备来说,它应能实现串入并出的移位功能;对于列数据显示来说,它应具有并行锁存的功能。这样,某行已准备好的数据送入并行锁存器进行显示时,串入并出移位寄存器就可以准备下一行的列数据,而不会影响当前行的显示。其中电源主要是给 74HC595 驱动芯片和 51 单片机供电的。LED 电子显示屏电路结构框图如图 16-1 所示。

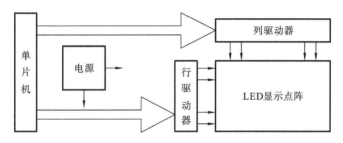

图 16-1 LED 电子显示屏电路结构框图

16.3 系统硬件电路设计

16×16 点阵 LED 电子显示屏硬件电路由单片机系统、驱动电路及 LED 电子显示屏电路三部分组成。图 16-2 所示为 16×16 点阵 LED 电子显示屏电路原理图。

16.3.1 单片机系统及外围电路

采用 AT89C52 单片机或其兼容系列芯片,单片机的 XTAL1 输入端和 XTAL2 输出端之间接上 12 MHz 或更高频率的晶振,以获得较高的运行速率,使显示更稳定。P1.0~P1.2 引脚用来发送控制信号,P0 口和 P2 口空着,在有必要的时候可以将其用于扩展系统的 ROM 和 RAM。

16.3.2 驱动电路

驱动电路由 74HC595 芯片构成,74HC595 芯片包含一个八位串行输入/输出或者并行输出的移位寄存器和一个八位输出锁存器,而且移位寄存器和输出锁存器的控制是各自独立的,

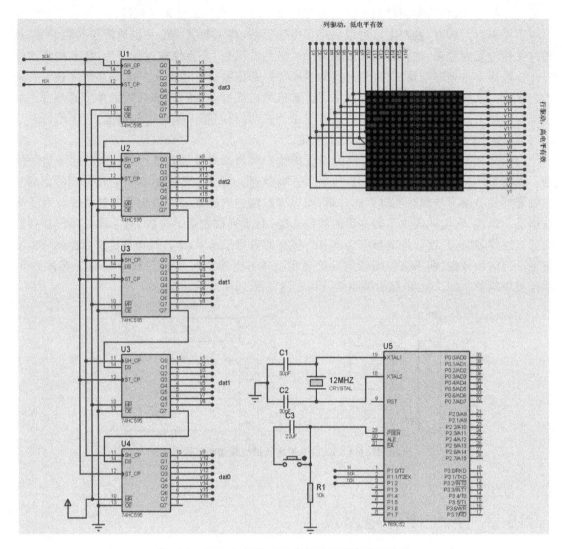

图 16-2 16×16 点阵 LED 电子显示屏电路原理图

可以实现在显示本行各列数据的同时,传送下一行的列数据,即达到重叠处理的目的。74HC595 芯片的引脚图如图 16-3 所示,它的输入侧有 8 个串行移位寄存器,每个移位寄存器的输出都连接一个输出锁存器。DS 引脚是串行数据的输入端。SH_CP 引脚用于输入移位寄存器的移位时钟脉冲,在其上升沿发生移位,并将 DS 的下一个数据打入最低位,移位后的各位信号出现在各移位寄存器的输出端,也就是输出锁存器的输入端。ST_CP 引脚用于输出锁存器的打入信号,其上升沿将移位寄存器的输出打入到输出锁存器。OE 引脚用于输出三态门的开放信号,只有当其为低电平时,锁存器的输出才开放,当其为高电平时为高阻态,为了方便,使用时通常接低电平。MR 引脚是移位寄存器的清零输入端,当其为低电平时,移位寄存器的输出全部为 0,通常接 VCC。由于 SH_CP 引脚和 ST_CP 引脚处的两个信号是互相独立的,所以 74HC595 芯片能够做到输入串行移位与输出锁存互不干扰。芯片的输出端为 Q1～Q7′,最高位 Q7′是 74HC595 芯片的级联输出端。因 Q7′为级联输出端,所以将它接下一个

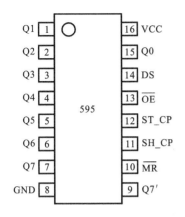

图 16-3　74HC595 芯片的引脚图

74HC595 的 DS 端。

74HC595 芯片的引脚图如图 16-3 所示。其中，两片 74HC595 芯片组成 16 列的驱动，另外两片组成 16 行的驱动。第一片 74HC595 芯片列驱动器的 DS 端连接单片机输出的串行列显示数据，其 Q7′端连接第二片 74HC595 芯片的 DS 端，采用这样的方法实现两片 74HC595 芯片的级联。两片 74HC595 相应的 SH_CP 端和 ST_CP 端分别并联，作为统一的串行数据移位信号、串行数据清除信号和输出锁存器打入信号。这样的串行移位结构，能把 16 列和 16 行的显示数据依次输入到相应的移位寄存器输出端。移位过程结束之后，控制器输出 ST_CP 打入信号，16 列和 16 行显示数据一起打入相应的输出锁存器。然后选通相应的行，该行的各列就按照显示数据的要求进行显示。

16.3.3　LED 电子显示屏电路

LED 电子显示屏是将发光二极管按行、按列布置的，驱动时也是按行、按列驱动的。在扫描驱动方式下可以按行扫描、按列控制，当然也可以按列扫描、按行控制。本设计由 4 块 8×8 点阵组成 16×16 点阵，以满足显示汉字的要求。8×8 点阵 LED 是最基本的点阵显示模块，理解了 8×8 点阵 LED 的工作原理后，就可以基本掌握 LED 点阵显示技术。8×8 点阵 LED 结构如图 16-4 所示，其等效电路如图 16-5 所示。

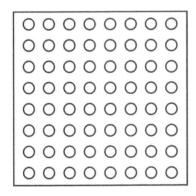
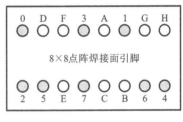

图 16-4　8×8 点阵 LED 结构图

从图 16-5 可以看出(本图的 LED 点阵采用共阳极的接法)8×8 点阵由 64 个发光二极管组成，且每个发光二极管放置在行线和列线的交叉点上。要实现显示图形或文字，只需考虑其显示方式，通过编程控制各显示点对应 LED 的阳极和阴极端的电平，就可以有效地控制各显示点的亮灭。当采用按行扫描、按列控制的驱动方式时，8 行的同名列共用一套列驱动器。行驱动器一行的行线连接到电源的一端，列驱动器一列的列线连接到电源的另一端。应用时还应在各条行线或列线上接上限流电阻。扫描中控制电路将行线 1 输入高电平，其余为低电平，再输入一个列驱动数组，控制一行显示。依次将行线 1 至行线 8 轮流输入高电平，再依次输入

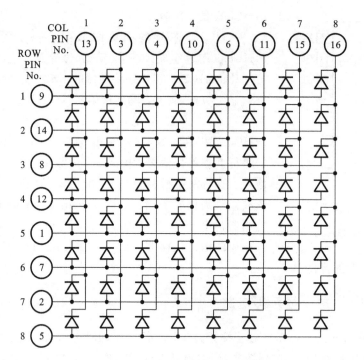

图 16-5　8×8 点阵 LED 等效电路图

一个列驱动数组,从而达到点阵滚动显示各种图案和文字的效果。连接到各行的全部 LED 器件接通正电源,但具体哪一个 LED 导通,还要看它的负电源是否接通,这就要通过列控制来实现。当对应的某一列置 0 电平,则相应的发光二极管就亮;反之则不亮。例如:如果想使屏幕左上角 LED 点亮,左下角 LED 熄灭,当扫描到第 1 行时,第 1 列的电位就应该为低,当扫描到第 8 行时,第 1 列的电位就应该为高。这样,行线上只管一行一行地轮流导通,由列线进行通断控制,即实现了按行扫描、按列控制的驱动方式。

16.4　系统软件设计

　　LED 显示屏软件的主要功能是向屏体提供显示数据,并产生各种控制信号,使屏幕按设计的要求显示。根据软件分层次设计的原理,可以把显示屏的软件系统分为两层:第一层是底层的显示驱动程序,第二层是上层的系统应用程序。显示驱动程序负责向屏体传送显示数据,并负责产生行扫描信号和其他控制信号,配合完成 LED 电子显示屏的扫描显示工作。显示驱动程序由定时器 T0 中断程序实现。系统环境设置(初始化)、显示效果处理等工作由系统主程序来实现。

16.4.1　系统主程序设计

　　系统主程序开始以后,首先是对系统环境进行初始化,包括设置串口、定时器、中断和端口,然后以"卷帘出"效果显示一个爱心的图形及"我爱单片机"这 5 个汉字,以"左滚屏"效果显示"我爱单片机"这 5 个汉字及笑脸图形,接着以"右滚屏"效果显示"我爱单片机"及爱心图形,最后以"卷帘入"效果隐去图形。由于单片机没有停机指令,所以可以设置系统程序不断地循环执行上述显示效果。图 16-6 是 LED 电子显示屏系统主程序流程图。

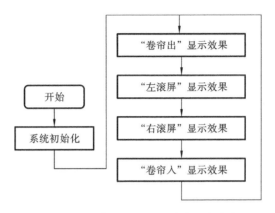

图 16-6　LED 电子显示屏系统主程序流程图

16.4.2　显示驱动程序设计

显示驱动程序在进入中断后首先要对定时器 T0 重新赋初值,以保证显示屏刷新率的稳定,1/16 扫描显示屏的刷新率(帧频)计算公式为:

$$刷新率(帧频) = \frac{1}{16} \times T0\ 溢出率 = \frac{1}{16} \times \frac{f_{osc}}{12(65536 - t_0)}$$

其中:f_{osc} 为晶振频率,t_0 为定时器 T0 的初值(工作在 16 位定时器模式)。

然后显示驱动程序查询当前燃亮的行号,从显示缓存区内读取下一行的显示数据,并通过串口发送给移位寄存器。为消除在切换行显示数据时产生的拖尾现象,显示驱动程序先要关闭显示屏,即消隐,等显示数据打入输出锁存器并锁存后,再输出新的行号,最后重新打开显示屏。图 16-7 为显示驱动程序(显示屏扫描函数)流程图。

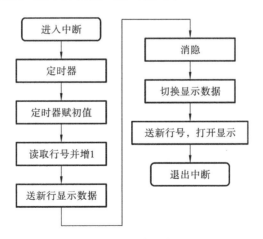

图 16-7　显示驱动程序流程图

16.4.3 程序清单

程序清单运行示例，请扫描右侧二维码。

```
/*------------------------------------------------------
参数设置：点阵需显示的字符或图案的数据的获取，以字模提取 v2.2 软件为
例，应在其选项中，设置为横向取模，选中字节倒序和保留，在修改图像中，设置为
黑白反显图像，即可以生成正确的图案编码。
------------------------------------------------------*/

#include<reg52.h>
#define uchar unsigned char


sbit   si=P1^0;                          //74HC595数据端
sbit   sck=P1^1;                         //74HC595移位脉冲端
sbit   rck=P1^2;                         //74HC595数据锁存端
uchar i,j,k,zb;
uchar xsz[32],xsz1[32] ;
uchar code smsg[8]={0x80,0x40,0x20,0x10,0x08,0x04,0x02,0x01};   //字模表
uchar code wz[][32]={
{0xDF,0xFD,0x8F,0xF5,0xE1,0xED,0xEF,0xED,0xEF,0xFD,0x00,0x80,0xEF,0xFD,0xEF,0xDD,
0xAF,0xDD,0xCF,0xED,0xE7,0xF3,0xE9,0xBB,0xEF,0xB5,0xEF,0xAE,0x2B,0x9F,0xF7,0xBF},
   //"我",0

{0xFF,0xEF,0x7F,0xC0,0x81,0xF7,0xBB,0xF7,0x77,0xFB,0x01,0x80,0xBD,0xBF,0xBE,0xDF,
0x01,0xE0,0xDF,0xFF,0x1F,0xF0,0xAF,0xF7,0x77,0xFB,0xFB,0xFC,0x3D,0xF3,0xC7,0x8F},
   //"爱",1

{0xF7,0xF7,0xEF,0xFB,0xDF,0xFD,0x03,0xE0,0x7B,0xEF,0x7B,0xEF,0x03,0xE0,0x7B,0xEF,
0x7B,0xEF,0x03,0xE0,0x7F,0xFF,0x7F,0xFF,0x00,0x80,0x7F,0xFF,0x7F,0xFF,0x7F,0xFF},
   //"单",2

{0xFF,0xFD,0xF7,0xFD,0xF7,0xFD,0xF7,0xFD,0xF7,0xFD,0x07,0xC0,0xF7,0xFF,0xF7,0xFF,
0xF7,0xFF,0x07,0xF8,0xF7,0xFB,0xF7,0xFB,0xF7,0xFB,0xFB,0xFB,0xFB,0xFB,0xFD,0xFB},
   //"片",3

{0xF7,0xFF,0x77,0xF0,0x77,0xF7,0x77,0xF7,0x40,0xF7,0x77,0xF7,0x73,0xF7,0x63,0xF7,
0x55,0xF7,0x55,0xF7,0x76,0xF7,0x77,0xB7,0x77,0xB7,0xB7,0xB7,0xB7,0x8F,0xD7,0xFF},
   //"机",4

{0xE7,0xE7,0xC3,0xC3,0x81,0x81,0x00,0x00,0x00,0x00,0x00,0x00,0x00,0x00,0x01,0x80,
0x03,0xC0,0x07,0xE0,0x07,0xE0,0x0F,0xF0,0x1F,0xF8,0x3F,0xFC,0x3F,0xFC,0x7F,0xFE},
   //"心",5
```

{0xFF,0xFF,0x1F,0xF8,0xEF,0xF7,0xF7,0xEF,0xFB,0xDF,0xCD,0xB3,0xB5,0xAD,0xFD,0xBF,

0xFD,0xBF,0xFD,0xBF,0xBD,0xBD,0x7B,0xDE,0xF7,0xEF,0xEF,0xF7,0x1F,0xF8,0xFF,0xFF}

　　//笑脸

};

/*------------延时函数------------*/
```c
void ys (uchar a)
{
    uchar b,c;
    for (b=a;b>0;b--)
        for (c=110;c>0;c--);
}
```

/*--

通过控制 74HC595,将串行数据转化为并行输出的数据,发送的数据 a 是控制点阵显示的数组。

---*/
```c
void fs(uchar a)
{
    uchar b;
    sck=0;
    rck=0;
    for (b=8;b>0;b--)
        {
            a=a<<1;
            si=CY;
            sck=1;
            sck=0;
        }
}
```

/*----------显示函数------------*/
```c
void xs()
{
    for (i=0,j=0;i<16;i++)
    {
        if (i<8)
            {
                fs(smsg[j]);
                fs(0x00);
            }
        else
            {
                fs(0x00);
```

```
                fs(smsg[j]);
            }
        j++;
        if(j==8)
        j=0;
        fs(xsz[2*i+1]);
        fs(xsz[2*i]);
        rck=1;
        ys(3);
    }
}


void co(uchar* p,uchar* p1)
{
    uchar a;
    for (a=0;a<16;a++)
    {
        p[a*2]=p1[a*2];
        p[a*2+1]=p1[a*2+1];
    }
}


/*------------实现字幕的上下滚动-------------*/
void shy(uchar e, uchar g,uchar* p1)
{
    uchar a,b,c,d=0,f=31;
    for (a=0;a<16;a++)
    {
    if(g==1)
        {
            for (b=0;b<30;b++)
                xsz[b]=xsz[b+2];
            if(p1==0)
                {
                    xsz[30]=0xff;
                    xsz[31]=0xff;
                }
            else
                {
                    xsz[30]=p1[d++];
                    xsz[31]=p1[d++];
                }
            for (c=e;c>0;c--)
```

```
                    xs();
            }
        else
            {
                    for (b=29;b>0;b--)
                        xsz[b+2]=xsz[b];
                    xsz[2]=xsz[0];
                    if(p1==0)
                        {
                                xsz[1]=0xff;
                                xsz[0]=0xff;
                        }
                    else
                        {
                    xsz[1]=p1[f--];
                    xsz[0]=p1[f--];
                        }
                    for (c=e;c>0;c--)
                    xs();
            }
        }
}


/*-------------实现字幕的左右滚动----------------*/
void zyy(uchar a,uchar b,uchar* p)
{
    uchar i,j,k,c;
    for (i=0;i<16;i++)
        {
            if(p==0)
                {
                        xsz1[2*i]=0xff;
                        xsz1[2*i+1]=0xff;
                }
            else
                {
                        xsz1[2*i]=p[2*i];
                        xsz1[2*i+1]=p[2*i+1];
                }
        }
    if(b==1)
    for (k=0;k<16;k++)
    {
```

```
        for(i=0;i<16;i++)
            {
            xsz[i*2+1]=xsz[i*2+1]<<1;
                xsz[i*2]=xsz[i*2]<<1;
            if (CY==1)
            xsz[i*2+1]=xsz[i*2+1]|0x01;
                xsz1[i*2+1]=xsz1[i*2+1]<<1;
            if (CY==1)
                xsz[i*2]=xsz[i*2]|0x01;
            xsz1[i*2]=xsz1[i*2]<<1;
            if (CY==1)
                xsz1[i*2+1]=xsz1[i*2+1]|0x01;
            }
        for (j=a;j>0;j--)
            xs();
    }
    else
    {
        for (k=0;k<16;k++)
        {
            for(i=0;i<16;i++)
                {
                xsz[i*2]=xsz[i*2]>>1;
                c=xsz[i*2+1]&0x01;
                xsz[i*2+1]=xsz[i*2+1]>>1;
                if (c)
                    xsz[i*2]=xsz[i*2]|0x80;

                c=xsz1[i*2]&0x01;
                xsz1[i*2]=xsz1[i*2]>>1;
                if (c)
                    xsz[i*2+1]=xsz[i*2+1]|0x80;
                c=xsz1[i*2+1]&0x01;
                xsz1[i*2+1]=xsz1[i*2+1]>>1;
                if(c)
                    xsz1[i*2]=xsz1[i*2]|0x80;
                }
            for (j=a;j>0;j--)
                xs();
        }
    }
}


/*-------------------------------------------------
主函数
```

向什么方向移动,指的是这个字动态显示的滚动方向

--- * /

```
void main ()
{
    while (1)                                    //字幕上下以及左右移动程序
    {
    co(xsz,wz[5]);
    shy(10,1,wz[0]);                             //shy(10,1,为向上移动)
    shy(10,1,wz[1]);
    shy(10,1,wz[2]);
    shy(10,1,wz[3]);
    shy(10,1,wz[4]);
    shy(10,1,0);
    zyy(10,0,wz[0]);                             //zyy(10,0,为向左移动)
    zyy(10,0,wz[1]);
    zyy(10,0,wz[2]);
    zyy(10,0,wz[3]);
    zyy(10,0,wz[4]);
    zyy(10,0,wz[6]);
    zyy(10,1,0);
    zyy(10,1,wz[0]);                             //zyy(10,1,为向左移动)
    zyy(10,1,wz[1]);
    zyy(10,1,wz[2]);
    zyy(10,1,wz[3]);
    zyy(10,1,wz[4]);
    zyy(10,1,wz[6]);
    shy(10,0,wz[6]);                             //shy(10,0,为向下移动)
    co(xsz,wz[5]);
    }
}
```

16.5 系统仿真及调试

LED 电子显示屏的刷新率及显示效果是主要的性能指标。显示屏刷新率由定时器 T0 的溢出率和单片机的晶振频率决定,从理论上说,刷新率大于 24 Hz 时,人们就能看到连续稳定的显示,刷新率越高,显示越稳定,显示驱动程序占用 CPU 的时间也越多。实验证明,在目测条件下,刷新率为 40 Hz 以下的画面看起来闪烁较严重,对于刷新率为 50 Hz 以上的画面,人们已基本觉察不出画面闪烁,当刷新率达到 85 Hz 时,再增加刷新率将不会明显改善画面的闪烁情况。对电子电路而言,速度够用就是最好的,速度越快,越容易受到干扰,可靠性越差。51 单片机一般接 12 MHz 的晶振比较好,接入的晶振一般不能超过 33 MHz。

经过 Keil 软件编译后,在 Proteus 软件编辑环境中绘制仿真电路图,将编译好的 .hex 文件加载到 AT89C52 单片机中,启动仿真,就可以看到仿真效果,如图 16-8 和图 16-9 所示。

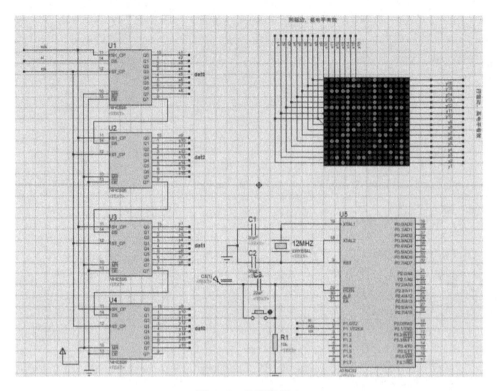

图 16-8　仿真效果 1

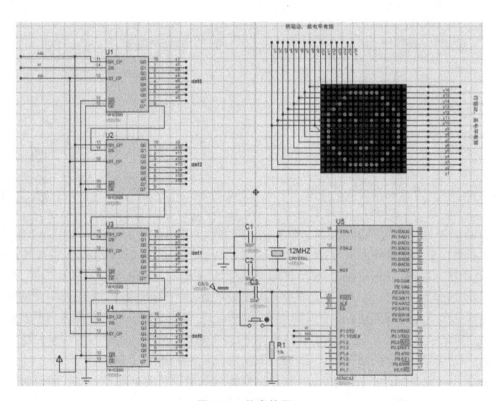

图 16-9　仿真效果 2

小贴示

　　LED 是 light-emitting diode(发光二极管)的英文缩写,LED 电子显示屏内部由发光二极管矩阵块组成,且每个发光二极管是放置在行线和列线的交叉点上,当对应的某一行置 1 电平,某一列置 0 电平,则相应的二极管就点亮。LED 电子显示屏通过控制其内部发光二极管的显示方式,用来显示文字、图形、动画等各种信息。

　　LED 电子显示屏分为图文显示屏和视频显示屏。图文显示屏可与计算机同步显示文本和图形,视频显示屏采用微型计算机进行控制,图文并茂,以实时、同步、清晰的信息传播方式播放各种信息,还可显示二维动画、三维动画、录像、电视以及现场实况等。

　　LED 电子显示屏具有亮度高、功耗小、性能稳定等特点,且显示画面色彩鲜艳,立体感强,静如油画,动如电影,不仅可以用于室内环境,还可以用于室外环境,广泛应用于车站、机场、桥梁、商场、医院、酒店、银行、证券市场、建筑市场等场所。比如,疫情期间的各类灯光秀,平时工作及生活中的各类电子横幅等。

第17章 直流电机控制系统的设计

17.1 项目要求

设计一款直流电机控制系统,要求实现以下功能。

(1) 能够通过单片机连接的 4 个按键分别来实现直流电机的正转、反转、加速和减速。

(2) 能够实时测量电机的实际转速。

(3) 以上信息均在液晶显示屏上显示出来,其中液晶显示屏的第一行显示系统名称:直流电机加—减速及测速系统;第二行到第五行显示键盘上＋、－、＝、on/c 的功能;接下来显示直流电机旋转的方向以及电机的实际转速。

17.2 方案论证

直流电机是电机的主要类型之一。直流电机可作为发电机使用,也可作为电动机使用。其用作发电机可以获得直流电源;当用作电动机时,由于其具有良好的调速性能,在许多对调速性能要求较高的场合使用广泛。随着生产过程自动化的进一步发展,系统需要满足各种不同的特殊运行要求,从而对直流电机的调速性能提出了更高的要求,选择合适的电机调速控制模块设计方案是完成本设计的关键。电机调速控制模块的设计方案主要有以下三种。

方案一:采用数字电位器或电阻网络来调整电动机的分压,从而达到调速的目的。但是这种方法有局限性:数字电阻的元器件价格比较高,而电阻网络只能实现有级调速;更主要的问题在于,电动机的电阻一般都很小,但是电流很大,分压不仅会降低效率,而且实现很困难。

方案二:采用继电器对电动机的开关进行控制,通过开关的切换对电动机的速度进行调整。这个方案的优点在于其电路较为简单,缺点是继电器的响应时间慢、机械结构易损坏、寿命较短、可靠性不高。

方案三:采用由达林顿管组成的 H 型 PWM 电路。用单片机控制达林顿管,使之工作在占空比可调的开关状态,精确调整电动机转速。由于这种电路工作在管子的饱和截止模式下,因此其效率非常高;H 型电路保证了可以简单地实现转速和方向的控制,电子开关的速度很快,稳定性也极佳,是一种广泛采用的 PWM 调速技术。因此本设计采用方案三。

PWM 调速技术的工作方式主要有两种:双极性工作制和单极性工作制。

双极性工作制是在一个脉冲周期内,单片机的两个控制口各输出一个控制信号,两信号的高低电平相反,两信号的高电平时差决定电动机的转向和转速。双极性调制方式的特点是,4个功率管都工作在较高频率(载波频率),虽然能得到正弦输出电压波形,但其代价是产生了较大的开关损耗。

单极性工作制是单片机的两个控制口一端置低电平,另一端输出 PWM 信号,两口的输出切换与对 PWM 的占空比调节决定电动机的转向和转速。单极性调制方式的特点是在一个开关周期内,两只功率管以较高的开关频率互补,从而保证可以得到理想的正弦输出电压;另两只功率管以较低的输出电压基波频率工作,从而在很大程度上减小了开关损耗。该方案并不是固定其中一个桥臂始终为低频(输出基频),另一个桥臂始终为高频(载波频率),而是以半个输出电压周期为周期切换工作,即同一个桥臂在前半个电压周期内工作在低频,而在后半个电压周期内则工作在高频,这样可以使两个桥臂的功率管的工作状态均衡,在选用同样的功率管时,功率管的使用寿命更加均衡,这增加了系统的可靠性。

由于单极性工作制电压波中的交流成分比双极性工作制的小,其电流的最大波动也比双极性工作制的小,所以本设计采用单极性工作制。

直流电机控制系统电路结构框图如图 17-1 所示。

图 17-1　直流电机控制系统电路结构框图

17.3　系统硬件电路设计

直流电机控制系统主要由单片机最小系统、键盘输入电路、显示电路以及 L298N 驱动电路等模块组成。外部产生的脉宽可调的脉冲信号通过 AT89C51 单片机的 I/O 端口输入L298N 驱动芯片,从而控制直流电机的工作。通过不同的按键来确定直流电机是加速还是减速,是正转还是反转,或者是调整电机的初始转速,能够很方便地实现电机的智能控制。显示部分利用液晶显示器,实现对电机旋转的方向和转速等的实时显示。直流电机控制系统电路原理图如图 17-2 所示。

17.3.1　单片机系统及外围电路

本设计采用 AT89C51 单片机或其兼容系列芯片作为主控芯片,AT89C51 单片机系统的主控部分的结构比较简单,主要包含单片机、晶振电路和复位电路。外界开关电阻的复位电路是为了保证在单片机死机的时候,单片机的各个寄存器可以回到初始状态,晶振电路用于给单片机提供时钟信号。

根据该控制系统的要求,需要控制直流电机的正转、反转、加速和减速,因此,至少需要 4个按键,这里以一个 4×4 的矩阵键盘来作为输入控制。单片机的 P1.4～P1.7 引脚接矩阵键

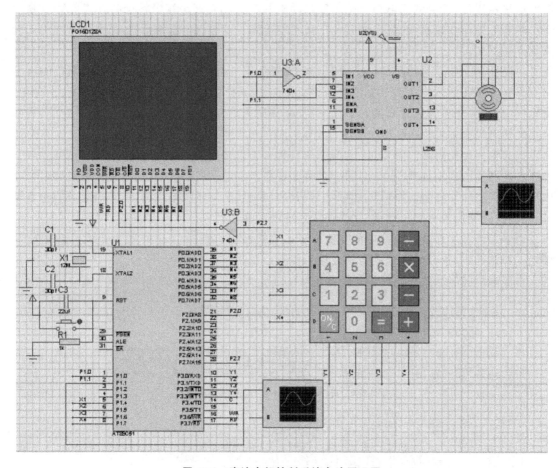

图 17-2　直流电机控制系统电路原理图

盘 X 方向的 4 根线,P3.0～P3.3 引脚接 Y 方向的 4 根线;单片机的 P1.0 和 P1.1 两个控制口各输入一个控制信号给 L298N 芯片;P0 口接液晶显示器的 D0～D7 口,单片机获得的数据通过 P0 口送到液晶显示器进行显示,P2.0 引脚和 P2.7 引脚接液晶显示器的控制端来控制它的显示。单片机系统及外围电路如图 17-3 所示。

17.3.2　L298N 驱动电路

在 PWM 驱动控制的调整系统中,以一个固定的频率来接通和断开电源,并且可根据需要改变一个周期内接通和断开时间的长短。通过改变直流电机电枢上电压的占空比可以达到改变平均电压的目的,从而可控制电动机的转速。也正因为如此,PWM 又被称为"开关驱动装置"。

L298N 芯片是 ST 公司生产的一种高电压、大电流的电机驱动芯片。该芯片采用 15 脚封装,L298N 芯片引脚符号及功能如表 17-1 所示。其主要特点有:工作电压高,最高工作电压可达 46 V;输出电流大,瞬间峰值电流可达 3 A,持续工作电流为 2 A;其额定功率为 25 W。该芯片内含两个 H 桥的高电压、大电流全桥式驱动器,可以用来驱动直流电动机、步进电动机、继电器线圈等感性负载。其采用标准逻辑电平信号控制方式,有两个使能控制端,在不受输入

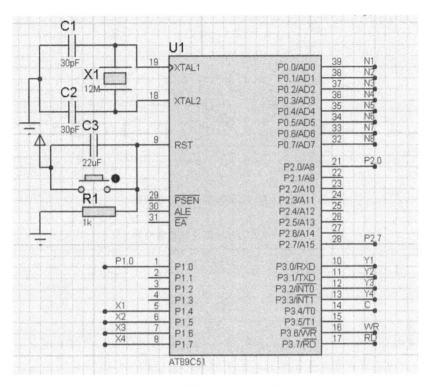

图 17-3 单片机系统及外围电路

信号影响的情况下可允许或禁止器件工作,其还有一个逻辑电源输入端,这使得内部逻辑电路部分可在低电压下工作,还可以外接检测电阻,将变化量反馈给控制电路。使用 L298N 芯片驱动电机,可直接对电机进行控制,无须隔离电路,其可以驱动一台两相步进电机或四相步进电机,也可以驱动两台直流电机。L298N 芯片内部原理图如图 17-4 所示。

表 17-1 L298N 芯片引脚符号及功能

引　　脚	功　　能
SENSA、SENSB	分别为两个 H 桥的电流反馈脚,不用时可以直接接地
ENA、ENB	使能端,输入 PWM 信号
IN1、IN2、IN3、IN4	输入端,TTL 逻辑电平信号
OUT1、OUT2、OUT3、OUT4	输出端,与对应输入端同逻辑
VCC	逻辑控制电源,4.5 V~7 V
VSS	电机驱动电源,最小值需比输入的低电平电压高
GND	地

若使能端为高电平,当输入端 IN1 为高电平信号、IN2 为低电平信号时,电机顺时针正转;当输入端 IN1 为低电平信号 IN2 为高电平信号时,电机反转。L298N 芯片的逻辑功能如表 17-2 所示。

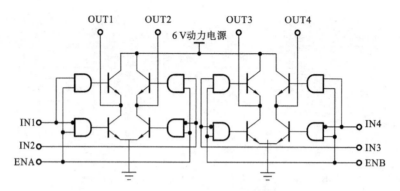

图 17-4　L298N 芯片内部原理图

表 17-2　L298N 芯片的逻辑功能

IN1	IN2	ENA	电机状态
1	0	1	顺时针
0	1	1	逆时针

在对直流电动机电压的控制和驱动中,半导体功率器件(L298N)在使用上可以分为两种方式:线性放大驱动方式和开关驱动方式。半导体功率器件工作在线性区的优点是控制原理简单、输出波动小、线性好、对邻近电路干扰小;其缺点是功率器件工作在线性区时,功率低并且散热问题严重。开关驱动方式是使半导体功率器件工作在开关状态,通过脉冲宽度调制(PWM)来控制直流电机的电压,从而实现对直流电机转速的控制。

在本设计中,利用单片机的 P1.0 引脚给输入端 IN1 和 IN2 提供高低电平,P1.0 引脚与 IN1 引脚通过一个非门相连,与 IN2 引脚直接相连,使得 IN1 和 IN2 两个引脚的输出总是保持电平相反的状态,驱动芯片的输入电压是两个引脚的电压差,该输入电压经驱动芯片 L298N 放大后控制直流电机,L298N 芯片驱动电路如图 17-5 所示。在直流电机需要调速时,

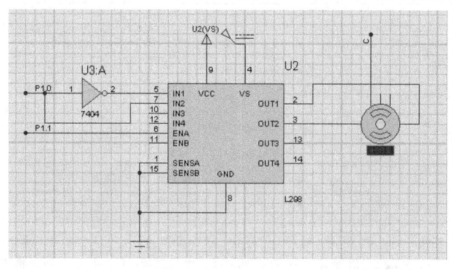

图 17-5　L298N 芯片驱动电路

利用单片机 P1.1 引脚输出占空比不同的方波。占空比为高电平脉冲个数占一个周期总脉冲个数的百分数,一个周期内加在电机两端的电压为脉冲高电压乘以占空比。占空比越大,加在电机两端的电压越大,电机转动越快。电机的平均速度等于在一定的占空比下电机的最大速度乘以占空比。改变占空比时,就可以得到不同的电机平均速度,从而达到调速的目的。精确地讲,平均速度与占空比并不是严格的线性关系,不过在一般的应用中,可以将其近似看成线性关系。

17.3.3　显示电路

显示电路除了用于显示直流电机旋转的方向和速度,还用于显示该系统的功能及矩阵键盘中所用到的按键功能。常用的数据显示方案有 LED 数码管和液晶显示器两种。

LED 数码管串口显示模块通常有动态显示和静态显示两种显示方法。其中,动态显示的连接方法是将每个二极管的同名端连在一起,而每个显示器的公共极 COM 各自独立地接受 I/O 口的控制,CPU 向字段输出端口输出字型码,所有显示器接受到相同的字符,而要使用哪个显示器取决于它们的 COM 的电平,而这是由 I/O 口控制、单片机输出的。静态显示为固定显示方式,无闪烁,其电路可采用一个并行口接一个数码管,数码管的公共端按共阴或共阳分别接地或 VCC。这种接法显示效果好,编程较为简单,但是功耗大,占用端口多,需要的驱动器件多,硬件成本相对更高。

不管数码管采用哪种显示方式,都只能显示简单的字符、数字等内容,而且一个字符或者数字就需要一个数码管,要满足本系统的设计要求,就需要很多个数码管,而且显示效果也不够直观。因此,这里选用液晶显示屏来显示相应的字符和数据。

LCD1602 液晶显示屏可显示字符、数字等内容,其具有两行显示空间,每行可显示 16 位的内容,若需要显示更多内容,则空间不够。

PG160128A 液晶显示屏是一个由 128 行 160 列的点阵组成的液晶屏。它可以显示各种图形、字符,也可以显示 10×8 个汉字。而且它由 T6963C 芯片进行内核控制,自带字符库,同时也可以自己建立汉字、图形库。PG160128A 液晶显示屏作为显示器,虽然在设计成本上相对来说有些高,但在可接受范围内,因此本次设计直接采用 PG160128 液晶显示屏来显示相应的数据。PG160128A 与单片机的连接方式也很简单:1 脚、2 脚(FG、VSS 端)接地;3 脚(VCC 端)接+5 V 的高电平;4 脚(COM 端)悬空;5 脚(WR 端)、6 脚(RD 端)以及 8 脚(C/D 端)通过总线分别与单片机的 P3.6 引脚、P3.7 引脚及 P2.0 引脚相连;7 脚(CE 端)通过反相器后与单片机的 P2.7 引脚相连;11~18 引脚(D0~D7 口)分别与单片机的 P0.0~P0.7 引脚相连。PG160128A 液晶显示屏连接电路如图 17-6 所示。

17.3.4　键盘输入电路

键盘是一种常用的输入设备,它是一组按键的集合,从功能上可分为数字键和功能键两种,其作用是通过输入数据与命令来查询和控制系统的工作状态,从而实现简单的人机对话。键盘按照接口原理可分为编码键盘与非编码键盘两类。这两类键盘的主要区别是识别键符及给出相应键码的方法,编码键盘采用硬件线路来实现键盘编码,每按下一个键,键盘能自动生成按键代码,编码键盘的键数较多,而且具有去抖动功能。这种键盘使用方便,但硬件较复杂,

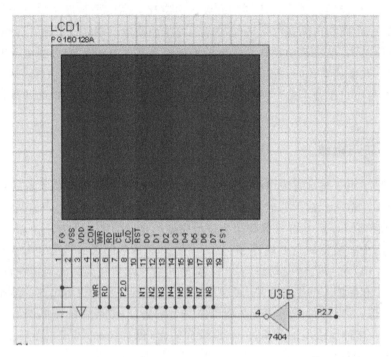

图 17-6　PG160128A 液晶显示屏连接电路

计算机所用的键盘就属于这种。非编码键盘仅提供按键开关工作状态,其他工作由软件完成,这种键盘键数较少,硬件简单,一般在单片机应用系统中广泛使用。这里采用非编码键盘来实现对直流电机的加速、减速、正转、反转的控制。

非编码键盘按照其结构可分为独立式键盘与矩阵式键盘两类。独立式键盘的按键相互独立,每个按键接一根 I/O 口线,I/O 口线上的按键工作状态不会影响其他 I/O 口线的工作状态。因此,通过检测 I/O 口线的电平状态,即可判断键盘上的哪个按键被按下。独立式键盘主要用于按键较少的场合。

矩阵式键盘是单片机外部设备中所使用的排布类似于矩阵的键盘组。当键盘中的按键数量较多时,为了减少 I/O 口的占用,通常将按键排列成矩阵形式。在矩阵式键盘中,每条水平线和垂直线在交叉处不直接连通,而是通过一个按键加以连接。这样,可以构成的按键数为水平方向和垂直方向端口的乘积,那么一个端口(如 P1 口)有 8 根 I/O 口线,就可以构成 4×4＝16 个按键,而直接用端口线只能构成 8 个按键,比之直接将端口线用于键盘多出了一倍,而且线数越多,区别越明显,比如再多加一条线就可以构成 4×5＝20 键的键盘,而直接用端口线则只能多出一键(9 键)。由此可见,当需要的键数比较多时,采用矩阵法来做键盘是合理的。

在本系统中,至少需要 4 个按键来分别实现直流电机的加速、减速、正转及反转,可以由 4 个独立键盘来实现,这种接法在其他章节中已经多次用到。为了方便以后扩展功能,并且让大家熟悉矩阵式键盘的使用,这里采用矩阵法来做键盘。矩阵键盘 X 方向的 4 根线接单片机的 P1.4～P1.7 引脚,Y 方向的 4 根线接 P3.0～P3.3 引脚,这样构成一个 4×4 的矩阵,一共有 16 个按键,分别编号为数字 1～9 以及 ＋、－、×、÷、＝、ON/C。可以通过数字键 0～9 来更改启动时的初始速度;键号"＋"表示步长加速;键号"－"表示步长减速;键号"＝"表示顺时针旋转;键号"ON/C"表示逆时针旋转。键盘输入电路如图 17-7 所示。

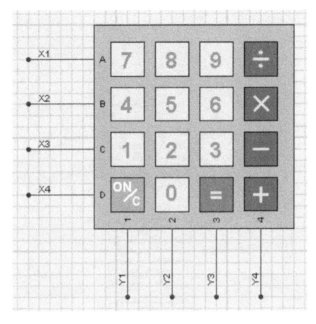

图 17-7　键盘输入电路

17.4　系统软件设计

17.4.1　系统主程序设计

通过对单片机需要实现的功能进行分析,可以确定本软件程序模块主要由主程序、按键程序和显示程序构成。其中主程序的主要作用是对各个作用模块的程序函数进行申明和调用,系统主程序开始运行以后,首先进行系统初始化、显示器初始化和显示初始信息,然后扫描键盘,如果有键被按下,则判断是哪个键,是否需要启动电机,若需要启动电机,则调用相应的显示程序,刷新显示信息;否则再次扫描键盘,重复接下来的步骤。主程序流程图如图 17-8 所示。

17.4.2　按键程序设计

该部分的首要任务是判定哪个按键按下,然后实现对应的功能,按键程序流程图如图 17-9 所示。如果是数字键 0~9 被按下,则设定初始启动时的速度。例如,单片机检测到 P1.4＝0,P3.0＝0,这两个 I/O 口分别接键盘的 X1 和 Y1,它们交叉的位置是数字键 7,说明是数字键 7 被按下,直流电机的启动速度是 120 转/min(在程序中设定这个速度值)。如果检测到是"＋"键按下,则直流电机加速启动,旋转方向默认为顺时针,且旋转速度高于设定的启动速度。

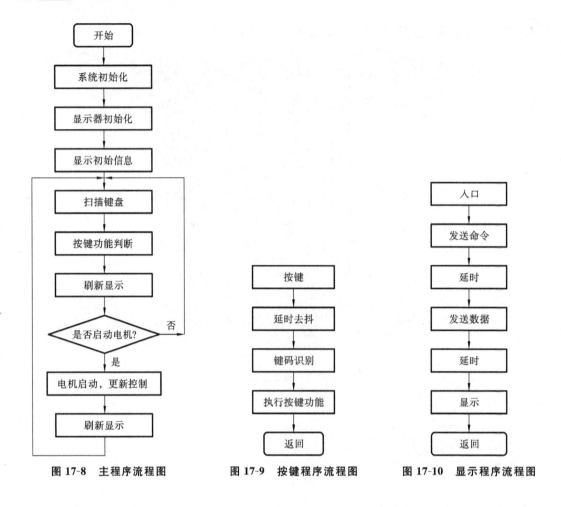

图 17-8　主程序流程图　　　　图 17-9　按键程序流程图　　　　图 17-10　显示程序流程图

17.4.3　显示程序设计

显示程序的工作流程为先向 LCD 发送控制命令,再传送待显示数据,最后刷新屏幕。其流程图如图 17-10 所示。

17.4.4　程序清单

程序清单运行示例,请扫描右侧二维码。

```
# include< showfun.h>
# include< stdio.h>


/*---------------函数声明------------------*/
extern char fnLCMInit();                              //LCM 初始化
extern void at(unsigned char x,unsigned char y);      //设定文本 x,y
extern void cls();                                    //清屏
extern void charout(unsigned char* str);              //ASCII(8*8),显示函数
extern void fnSetPos(unsigned char urow,unsigned char ucol);    //设置当前地址
extern uchar dprintf(uchar x,uchar y,char* fmt);      //ASCII(8*16)及汉字(16*16)显示函数
```

```
extern uchar fnPR12(uchar uCmd);                    //写入无参数的指令
extern uchar fnPR13(uchar uData);                   //写入数据
extern unsigned int Adc0832(unsigned char channel);
extern void Line(unsigned char x1,unsigned char y1,unsigned char x2,
unsigned char y2,bit Mode);
extern void Pixel(unsigned char PointX,unsigned char PointY,bit Mode);

uchar dsp[10]={0,0,0,0,0,0,0,0,0,0,};
char abc[3]={0,0,0,};
uchar key=0;
uint a=100;
uchar n=5;
uchar count=1;
uint k1=0;

uchar GeyKey();
void delay(uchar i);
void control();

/*----------------主函数----------------*/
main()
{
    fnLCMInit();                                    //LCM初始化
    fnSetPos(0,0);
    dprintf(0,0,"直流电机加-减速及测速系统");
    dprintf(0,12,"键盘+:步长加速");
    dprintf(0,24,"键盘-:步长减速");
    dprintf(0,36,"键盘=:顺时针转");
    dprintf(0,48,"键盘 on/c:逆时针转");

    dprintf(0,72,"方向:");
    dprintf(0,84,"转速:");

    P1_1=0;
    TMOD=0x17;
    TH1=0x3c;
    TL1=0xb0;
    TH0=0x00;
    TL0=0x00;
    ET0=1;
    ET1=1;
    TR0=1;
    TR1=1;

    while(1)
    {key=GeyKey();
    switch(key)                                     //键盘功能设定
```

```
            {case '1':{a=10;dprintf(0,96,"5 r/min");break;}
             case '2':{a=25;dprintf(0,96,"25 r/min");break;}
             case '3':{a=40;dprintf(0,96,"40 r/min");break;}
             case '4':{a=55;dprintf(0,96,"60 r/min");break;}
             case '5':{a=70;dprintf(0,96,"80 r/min");break;}
             case '6':{a=90;dprintf(0,96,"100 r/min");break;}
             case '7':{a=110;dprintf(0,96,"120 r/min");break;}
             case '8':{a=130;dprintf(0,96,"135 r/min");break;}
             case '9':{a=170;dprintf(0,96,"170 r/min");break;}
             case '+':{dprintf(0,72,"方向:顺时针");
                         control();
                                  break;
                         }
          case '-':{P1_0=0;
              dprintf(0,72,"方向:逆时针");
              control();
              break;
          }
             case '=':{P1_0=1;dprintf(0,72,"方向:顺时针");break;}
             case 'c':{P1_0=0;dprintf(0,72,"方向:逆时针");break;}
             case '/':{dprintf(0,72,"方向:顺时针");
             control();}
             default:break;
          }
      }
    }
}


/*--------------键盘扫描函数-----------------*/
ucharGeyKey()
{
    P1_4=0;
    P1_5=1;
    P1_6=1;
    P1_7=1;
    P3_0=1;
    P3_1=1;
    P3_2=1;
    P3_3=1;
    _nop_();_nop_();
    if(!P3_0)return '7';
    if(!P3_1)return '8';
    if(!P3_2)return '9';
    if(!P3_3)return '/';
    P1_4=1;
    P1_5=0;
```

```
    P1_6=1;
    P1_7=1;
    _nop_();_nop_();
    if(!P3_0)return '4';
    if(!P3_1)return '5';
    if(!P3_2)return '6';
    if(!P3_3)return '*';

    P1_4=1;
    P1_5=1;
    P1_6=0;
    P1_7=1;
    _nop_();_nop_();
    if(!P3_0)return '1';
    if(!P3_1)return '2';
    if(!P3_2)return '3';
    if(!P3_3)return '-';

    P1_4=1;
    P1_5=1;
    P1_6=1;
    P1_7=0;
    _nop_();_nop_();
    if(!P3_0)return 'c';
    if(!P3_1)return '0';
    if(!P3_2)return '=';
    if(!P3_3)return '+';

    return 0;
}

/*---------------延时函数---------------*/
void delay(uchar i)
{
    uchar j,k;
        for(;i>0;i--)
        for(j=17;j>0;j--)
        for(k=11;k>0;k--);
}

void time()interrupt 3
{
    TR1=0;
    count++;
    k1+=TL0;
    if(count==51)
```

```
    {
        sprintf(dsp,"% 3d",k1);
        dprintf(0,108,dsp);
        dprintf(60,108,"r/min");
        count=1;
          k1=0;
    }
    TH1=0x3c;
    TL1=0xb0;
    TH0=0x00;
    TL0=0x00;
    TR1=1;
}


void control()
{
    EA=1;
    while(1)
    {if(a>=170)
    a=170;
        if(a<=10)
            a=10;
            P1_1=0;
            delay(160-a);
            P1_1=1;
            delay(a);
            key=GeyKey();
            if(key=='-') a-=n;
            else
                if(key=='+') a+=n;
            else
                if(key=='=')
                {
                    P1_0=1;
                    dprintf(0,72,"方向:顺时针");
                }
            else
                if(key=='c')
                {
                    P1_0=0;
                    dprintf(0,72,"方向:逆时针");
                }
            else
                if(key=='* ')
                {
                    P1_1=0;
                    break;
```

```
            }
        else
            if(key!=0)
        break;
        }
    EA=0;
    }
```

17.5 系统仿真及调试

经过 Keil 软件编译后,在 Proteus 软件编辑环境中绘制仿真电路图,将编译好的.hex 文件加载到 AT89C51 单片机中,然后启动仿真,就可以看到仿真效果。液晶显示屏第 1 行显示系统名称:直流电机加-减速及测速系统;第 2 行到第 5 行显示键盘上键"+"、"—"、"="、"on/c"的功能;接下来显示的是直流电机旋转的方向以及转速。启动时仿真效果如图 17-11 所示;启动后,按下"="键,方向显示为顺时针,再按下"+"键,直流电机开始旋转,速度是 143 转/min,仿真效果如图 17-12 所示;按下"ON/C"键,方向显示为逆时针,再按下"-"键,直流电机开始旋转,速度是 93 转/min,仿真效果如图 17-13 所示。

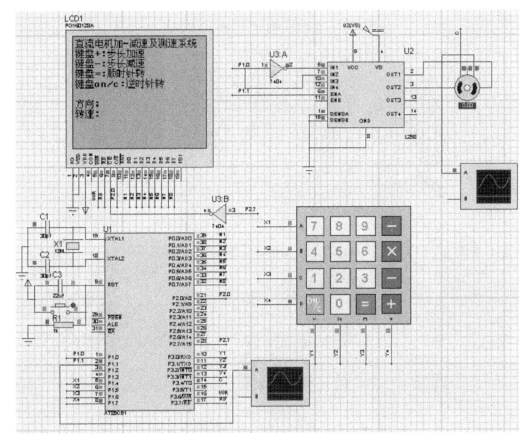

图 17-11 启动时的仿真效果

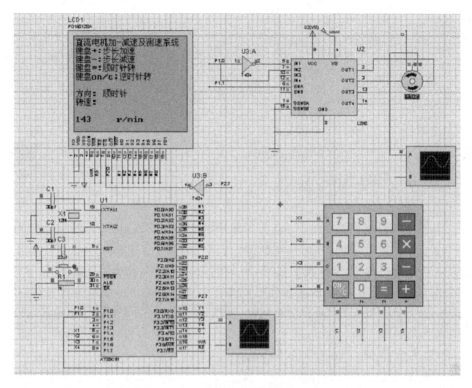

图 17-12　按下"＝"键和"＋"键的仿真效果

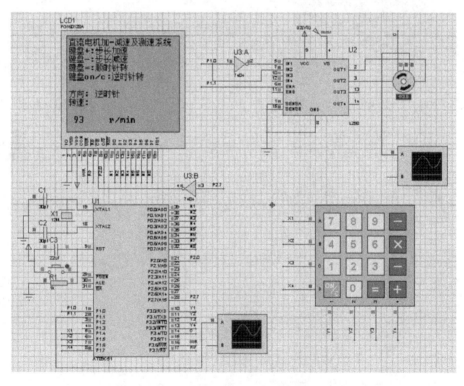

图 17-13　按下"ON/C"键和"－"键的仿真效果

小贴示

直流电机(DM)是指能将直流电能转换成机械能(直流电动机)或将机械能转换成直流电能(直流发电机)的旋转电机,它能实现直流电能和机械能互相转换的功能。当它作为电动机运行时是直流电动机,将电能转换为机械能;当它作为发电机运行时是直流发电机,将机械能转换为电能。直流电机由转子(电枢)、定子(励磁绕组或者永磁体)、换向器、电刷等部分构成。由于其良好的调速性能,所以在矢量控制出现以前基本占据了电机控制领域的整座"江山"。

中国电机工业的发展比西方电机工业的发展晚七八十年。中国人自己发电开始于慈禧太后,她在中南海组装了一台 20 马力的发电机,而这台发电机是从外国买来的,直到 1905 年才有了自己制造的首台实验电机,我国电机工业才开始起步。1956 年,新中国制造的第一台汽轮发电机投入运行,虽然只有 6000 千瓦,但相比过去已是非常大的进步,这台发电机是捷克斯洛伐克斯柯达公司的专家来上海帮助建造的。新中国成立以来,我国电机工业从小到大、从弱变强、从落后走向先进,不少产品进入"百万量级",这是一个巨大的进步。这些都离不开老一辈的科学家,他们不忘初心,牢记使命,以报效祖国为自己的最高荣誉,是所有电机及控制领域工作者前行的榜样。

第18章 电梯控制系统的设计

18.1 项目要求

设计一种性价比较高又简易的电梯控制系统,它以 AT89C51 单片机为核心,再辅以适当的硬件电路和控制程序来检测与控制整个电梯的信号,并要求实现以下功能。

(1) 通过按键来决定电梯运行到哪个楼层。

(2) 电梯的运行由步进电机的正转、反转模拟,正转为电梯上行,反转为电梯下行。

(3) 数码管显示电梯所在楼层的位置,LED 指示运行状态。

(4) 电梯到达指定楼层时蜂鸣器报警,电梯停止运行五秒钟。

18.2 方案论证

该电梯控制系统由 AT89C51 主控模块、电源电路、复位电路、报警电路、电机驱动电路、按键电路、LED 显示电路和数码管显示电路等模块构成,在 AT89C51 单片机的控制下,各模块协同实现相应功能。其系统结构框图如图 18-1 所示。

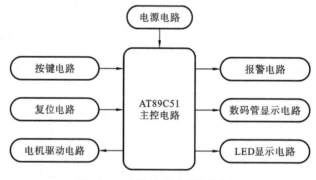

图 18-1 电梯控制系统结构框图

18.3 系统硬件电路设计

18.3.1 总体电路设计

电梯控制系统的总体电路如图 18-2 所示。

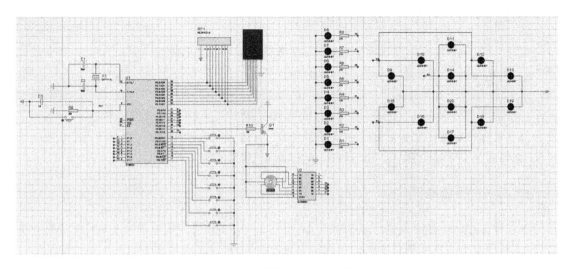

图 18-2 电梯控制系统的总体电路

18.3.2 主控电路

本设计的主控电路由 AT89C51 单片机实现,AT89C51 单片机的引脚按功能大致可分为电源功能、时钟功能、控制功能和 I/O 口这四种,共 40 个引脚。

其中 XTAL1 引脚和 XTAL2 引脚接时钟电路,RST 引脚接复位电路,P0 口连接数码管显示电路,P1 口连接显示楼层位置的 LED 数码管,P2 口连接步进电机以及表明电梯上下的指示电路,指示电梯到达铃声的蜂鸣器也连接在 P2 口,P3 口连接控制电梯开关的按键电路,主控电路如图 18-3 所示。

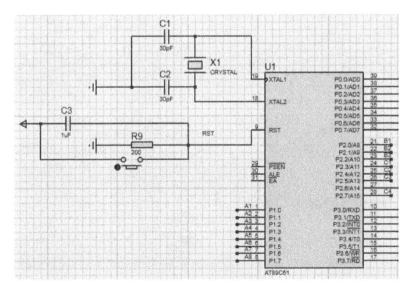

图 18-3 主控电路

18.3.3 电机驱动电路

AT89C51 单片机不能直接驱动电机,因此需要在单片机上连接一个 ULN2003 复合晶体管阵列,构成电机驱动电路。ULN2003 复合晶体管阵列的 C1 端连接单片机的 P2.3 引脚、C2 端连接 P2.4 引脚、C3 端连接 P2.5 引脚、C4 端连接 P2.7 引脚。ULN2003 复合晶体管阵列的脉冲信号输出端分别连接步进电机的四个控制端,以完成对电梯升降功能的模拟。ULN2003 复合晶体管阵列在此电路中起到了放大器的作用,当输入高电平时,输出为低电平,步进电机转动,当输入为 0 时,步进电机停止转动。电机驱动电路如图 18-4 所示。

18.3.4 按键电路

本设计采用 8 个独立按键完成控制功能。将 8 个按键分别连接在单片机的 P3 口的 8 个端口上,利用单个按键实现对楼层的控制。按键电路如图 18-5 所示。

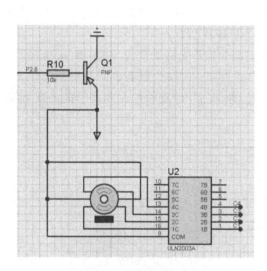

图 18-4　电机驱动电路

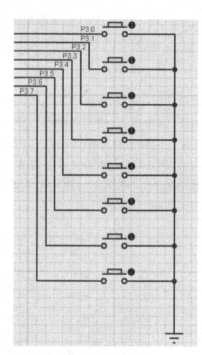

图 18-5　按键电路

18.3.5 LED 显示电路

LED 显示电路分为楼层显示和方向指示,电路设计如图 18-6 所示。图中左侧为楼层显示电路,A1~A8 分别连接单片机的 P1.0~P1.7 端口,指示灯表示当前所在楼层,并提示电梯处于运行状态。

图中右侧为方向指示 LED 灯,B3 端和 P2.2 口连接,B2 端和 P2.1 口连接,B1 端和 P2.0 口连接。电梯上行时 P2.2 口和 P2.1 口输出低电平,P2.0 口输出高电平。

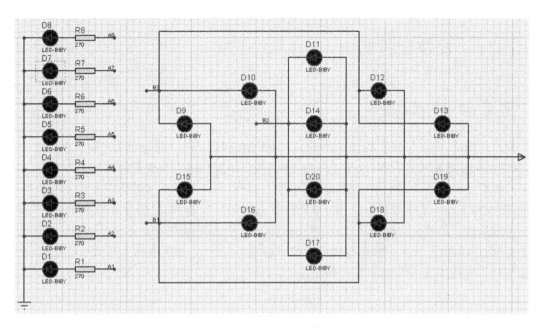

图 18-6　LED 显示电路

18.3.6　数码管显示电路

设计中用一位共阴极的 LED 数码管来显示楼层数,与单片机的 P0 口相连,P0 口在使用时需外接上拉电阻。软件设计时只需将数码管对应 P0 口的相应引脚置高低电平,就可在数码管上显示响应楼层,由于采用共阴极数码管,所以公共端接低电平。数码管显示电路如图 18-7 所示。

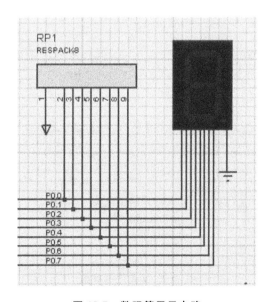

图 18-7　数码管显示电路

18.4 系统软件设计

18.4.1 主程序设计

程序开始后,按复位键使程序初始化,并对按键进行扫描。首先检测按键标识是否全为零,如果所有按键标识均为零,电梯不运行,继续进行按键扫描。当按键标识不全为零时,则判断上行按键标识是否为高电平,如果是,则电梯上行;否则判断下行按键标识是否为高电平,如果是,则电梯下行。数码管显示楼层,LED 指示电梯运行状态,电机随着电梯的上行、下行进行正转或反转。电梯到达楼层后,电梯停止运转 5 秒钟,蜂鸣器鸣叫。系统软件设计采用状态机思想,利用标志位 dt_s_x 标志电梯运行的状态,dt_s_x=1,表示电梯上行;dt_s_x=2,表示电梯下行。主程序流程图如图 18-8 所示。

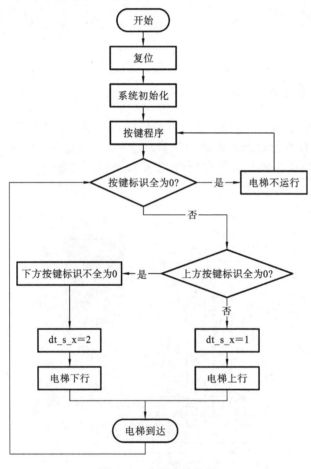

图 18-8 主程序流程图

18.4.2 电梯停止运行状态

图 18-9 所示为电梯停止时升降判断程序流程图,先判断上方按键标识是否等于零,如果不等于零,则 dt_s_x=1,电梯向上运行。若等于零,则判断下方按键标识是否等于零,如果不等于零,则 dt_s_x=2,电梯向下运行,否则 dt_s_x=0,电梯停止运行。

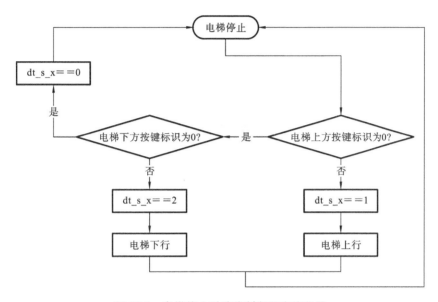

图 18-9 电梯停止时升降判断程序流程图

18.4.3 电梯上行状态

图 18-10 所示为电梯上行时升降判断程序流程图,电梯上行到达楼层时,需判断电梯是否继续上行。首先要判断上方电梯按键标识是否等于零,如果不等于零,那么电梯上下运行的标志变量 dt_s_x=1,电梯继续上行,电机随之正转,数码管显示数字加 1,LED 灯位置随之上移;

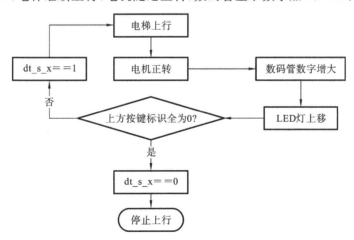

图 18-10 电梯上行时升降判断程序流程图

如果上方按键标识全为零,那么电梯上下的标识变量 dt_s_x＝0,电梯到达后停止运行。

18.4.4　电梯下行状态

图 18-11 所示为电梯下行时升降判断程序流程图,电梯下行到达楼层时需判断电梯是否继续下行。首先要判断下方电梯按键标识是否等于零,如果下方按键标识不等于零,那么电梯上下的变量 dt_s_x＝2,电梯继续下行,电机随之反转,数码管显示数字减小,LED 灯位置随之下移;如果下方按键标识全为零,那么电梯上下的标识变量 dt_s_x＝0,电梯到达后停止下行。

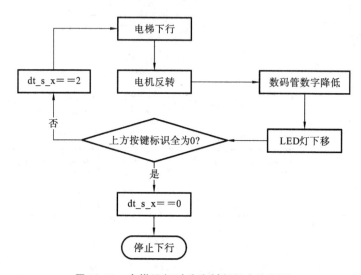

图 18-11　电梯下行时升降判断程序流程图

18.4.5　程序清单

程序清单运行示例,请扫描右侧二维码。

```
#include<reg52.h>
#define uchar unsigned char          //无符号字符型,宏定义,变量范围为 0～255
#define uint unsigned int            //无符号整型,宏定义,变量范围为 0～65535
uchar dis_smg[]={0x3F,0x06,0x5b,0x4f,0x66,0x6d,0x7d,0x07,0x7f};  //数码管段选定义
uchar dis_led[]={0x00,0x01,0x02,0x04,0x08,0x10,0x20,0x40,0x80};  //LED 显示
bit flag_100ms,flag_1s;
bit flag_stop=1;                     //到了相应的楼层停下
sbit beep  =P2^6;
sbit xia   =P2^0;
sbit zhong=P2^1;
sbit shang=P2^2;
uchar value2;
uchar flag_start ;                   //启动标志位:1 为启动步进电机,否则关闭电机
uchar flag_z_f;                      //正反标志位:0 为顺时针,1 为逆时针时上转
sbit dj1=P2^7;                       //电机 I/O 口定义
sbit dj2=P2^5;                       //电机 I/O 口定义
```

```
sbit dj3= P2^4;                          //电机 I/O 口定义
sbit dj4= P2^3;                          //电机 I/O 口定义
uchar dt_1;                              //1 楼电梯标志位
uchar dt_2;                              //2 楼电梯标志位
uchar dt_3;                              //3 楼电梯标志位
uchar dt_4;                              //4 楼电梯标志位
uchar dt_5;                              //5 楼电梯标志位
uchar dt_6;                              //6 楼电梯标志位
uchar dt_7;                              //7 楼电梯标志位
uchar dt_8;                              //8 楼电梯标志位
uchar dt_value=1;                        //电梯到哪一层的变量
uchar dt_s_x;                            //电梯上下的标志位
void Delay(unsigned int i)               //延时
{
    while(--i);
}


/*----------------正转----------------*/
void zheng(uchar dat)
{
    switch(dat)
    {
        case 0: dj1=1;dj2=0;dj3=0;dj4=0;break;
        case 1: dj1=0;dj2=1;dj3=0;dj4=0;break;
        case 2: dj1=0;dj2=0;dj3=1;dj4=0;break;
        case 3: dj1=0;dj2=0;dj3=0;dj4=1;break;
    }
}
/*----------------反转--------------------*/
void fan(uchar dat)
{
    switch(dat)
    {
        case 0:dj1=0;dj2=0;dj3=0;dj4=1;break;
        case 1:dj1=0;dj2=0;dj3=1;dj4=0;break;
        case 2:dj1=0;dj2=1;dj3=0;dj4=0;break;
        case 3:dj1=1;dj2=0;dj3=0;dj4=0;break;
    }
}
/*---------------1ms 延时函数----------------*/
void delay_1ms(uint q)
{
    uint i,j;
    for(i=0;i<q;i++)
        for(j=0;j<120;j++);
}
/*---------------独立按键程序---------------*/
```

```
uchar key_can;                                      //按键值
void key()                                          //独立按键程序
{
    static uchar key_new;
    key_can=20;                                     //按键值还原
    P3 |=0xff;
    if(P3 !=0xff)                                   //按键按下
    {
        delay_1ms(1);                               //按键消抖动
        if((P3 !=0xff) && (key_new==1))
        {                                           //确认是按键被按下
            key_new=0;
            switch(P3)
            {
                case 0x7f:key_can=1;break;          //得到按键值
                case 0xbf:key_can=2;break;          //得到按键值
                case 0xdf:key_can=3;break;          //得到按键值
                case 0xef:key_can=4;break;          //得到按键值
                case 0xf7:key_can=5;break;          //得到按键值
                case 0xfb:key_can=6;break;          //得到按键值
                case 0xfd:key_can=7;break;          //得到按键值
                case 0xfe:key_can=8;break;          //得到按键值
            }
        }
    }
    else
        key_new=1;
}
void key_with()
{
    if(key_can==1)
        dt_1=1;                                     //
    if(key_can==2)
        dt_2=1;
    if(key_can==3)
        dt_3=1;
    if(key_can==4)
        dt_4=1;
    if(key_can==5)
        dt_5=1;
    if(key_can==6)
        dt_6=1;
    if(key_can==7)
        dt_7=1;
    if(key_can==8)
        dt_8=1;
}
```

```
/*------------当电梯不动时,判断是向上还是向下------------*/
void tiandi_shang_xia()
{
    static uchar value;
    if(dt_s_x==0)
    {
        flag_stop=1;
        if(dt_value==1)                          //电梯在第 1 层停下不走了
        {
            value=dt_2+dt_3+dt_4+dt_5+dt_6+dt_7+dt_8;
            if(value !=0)
            {
                dt_s_x=1;                        //电梯向上走
                shang=0;                         //显示上
                zhong=0;
                xia=1;
            }
        }
        if(dt_value==2)                          //电梯在第 2 层停下不走了
        {
            value=dt_3+dt_4+dt_5+dt_6+dt_7+dt_8;
            if(value !=0)
            {
                dt_s_x=1;                        //电梯向上走
                shang=0;                         //显示上
                zhong=0;
                xia=1;
            }
            value=dt_1;
            if(value !=0)
            {
                dt_s_x=2;                        //电梯向下走
                xia=0;                           //显示下
                zhong=0;
                shang=1;
            }
        }
        if(dt_value==3)                          //电梯在第 3 层停下不走了
        {
            value=dt_4+dt_5+dt_6+dt_7+dt_8;
            if(value !=0)
            {
                dt_s_x=1;                        //电梯向上走
                shang=0;                         //显示上
                zhong=0;
                xia=1;
            }
```

```
        value=dt_1+dt_2;
        if(value !=0)
        {
            dt_s_x=2;                    //电梯向下走
            xia=0;                       //显示下
            zhong=0;
            shang=1;


        }
    }
    if(dt_value==4)                       //电梯在第 4 层停下不走了
    {
        value=dt_5+dt_6+dt_7+dt_8;
        if(value !=0)
        {
            dt_s_x=1;                    //电梯向上走
            shang=0;                     //显示上
            zhong=0;
            xia=1;
        }
        value=dt_1+dt_2+dt_3;
        if(value !=0)
        {
            dt_s_x=2;                    //电梯向下走
            xia=0;                       //显示下
            zhong=0;
            shang=1;
        }
    }
    if(dt_value==5)                       //电梯在第 5 层停下不走了
    {
        value=dt_6+dt_7+dt_8;
        if(value !=0)
        {
            dt_s_x=1;                    //电梯向上走
            shang=0;                     //显示上
            zhong=0;
            xia=1;
        }
        value=dt_1+dt_2+dt_3+dt_4;
        if(value !=0)
        {
            dt_s_x=2;                    //电梯向下走
            xia=0;                       //显示下
            zhong=0;
            shang=1;
        }
```

```
    }
if(dt_value==6)                             //电梯在第 6 层停下不走了
{
    value=  dt_7+dt_8;
    if(value !=0)
    {
        dt_s_x=1;                           //电梯向上走
        shang=0;                            //显示上
        zhong=0;
        xia=1;
    }
    value=dt_1+dt_2+dt_3+dt_4+dt_5;
    if(value !=0)
    {
        dt_s_x=2;                           //电梯向下走
        xia=0;                              //显示下
        zhong=0;
        shang=1;
    }
}
if(dt_value==7)                             //电梯在第 7 层停下不走了
{
    value=dt_8;
    if(value!=0)
    {
        dt_s_x=1;                           //电梯向上走
        shang=0;                            //显示上
        zhong=0;
        xia=1;
    }
    value=dt_1+dt_2+dt_3+dt_4+dt_5+dt_6;
    if(value !=0)
    {
        dt_s_x=2;                           //电梯向下走
        xia=0;                              //显示下
        zhong=0;
        shang=1;
    }
}
if(dt_value==8)                             //电梯在第 8 层停下不走了
{
    value=dt_8;
    if(value !=0)
    {
        dt_s_x=1;                           //电梯向上走
        shang=0;                            //显示上
        zhong=0;
```

```
                          xia=1;
                    }
                value=dt_1+dt_2+dt_3+dt_4+dt_5+dt_6;
                if(value !=0)
                {
                    dt_s_x=2;                       //电梯向下走
                    xia=0;                          //显示下
                    zhong=0;
                    shang=1;
                }
            }
            if(dt_s_x==1)
            {
                flag_start=1 ;                      //运行
                flag_z_f=0;                         //向上
            }
            if(dt_s_x==2)
            {
                flag_start=1 ;                      //运行
                flag_z_f=1;                         //向下
            }
            if(dt_s_x==0)
            {
                flag_start=0 ;                      //停下
                flag_z_f=1;                         //
            }
        }
    }


/*---------------电梯向上,做最后的判断是否还要继续向上-----------*/
void dt_shang_guan()
{
    uchar value;
    if(dt_s_x==1)                    //电梯向上,做最后的判断是否还要继续向上
    {
        if(dt_value==1)             //在第1层
        {
            value=dt_2+dt_3+dt_4+dt_5+dt_6+dt_7+dt_8;
            if(value==0)            //说明上面没有人按下按键
            {
                dt_s_x=0;           //电梯停下不动了
                shang=1;            //关闭上字
                zhong=1;
            }else
                flag_stop=1;
        }
        else if(dt_value==2)        //在第2层
```

```
{
    value=dt_3+dt_4+dt_5+dt_6+dt_7+dt_8;
    if(value==0)                //说明上面没有人按下按键
    {
        dt_s_x=0;               //电梯停下不动了
        shang=1;                //关闭上字
        zhong=1;
    }else
        flag_stop=1;
}
else if(dt_value==3)       //在第 3 层
{
    value=dt_4+dt_5+dt_6+dt_7+dt_8;
    if(value==0)                //说明上面没有人按下按键
    {
        dt_s_x=0;               //电梯停下不动了
        shang=1;                //关闭上字
        zhong=1;
    }else
        flag_stop=1;
}
else if(dt_value==4)       //在第 4 层
{
    value=dt_5+dt_6+dt_7+dt_8;
    if(value==0)                //说明上面没有人按下按键
    {
        dt_s_x=0;               //电梯停下不动了
        shang=1;                //关闭上字
        zhong=1;
    }else
        flag_stop=1;
}
else if(dt_value==5)       //在第 5 层
{
    value=dt_6+dt_7+dt_8;
    if(value==0)                //说明上面没有人按下按键
    {
        dt_s_x=0;               //电梯停下不动了
        shang=1;                //关闭上字
        zhong=1;
    }else
        flag_stop=1;
}
else if(dt_value==6)       //在第 6 层
{
    value=dt_7+dt_8;
    if(value==0)                //说明上面没有人按下按键
```

```
            {
                dt_s_x=0;              //电梯停下不动了
                shang=1;              //关闭上字
                zhong=1;
            }else
                flag_stop=1;
        }
        else if(dt_value==7)        //在第7层
        {
            value=dt_8;
            if(value==0)            //说明上面没有人按下按键
            {
                dt_s_x=0;              //电梯停下不动了
                shang=1;              //关闭上字
                zhong=1;
            }else
                flag_stop=1;
        }
        else if(dt_value==8)        //在第8层
        {
            dt_s_x=0;              //电梯停下不动了
            shang=1;              //关闭上字
            zhong=1;
        }
    }
}
/*---------------电梯向下,做最后的判断是否还要继续向下---------------*/
void dt_xia_guan()
{
    uchar value;
    if(dt_s_x==2)                  //电梯向下,做最后的判断是否还要继续向下
    {
        if(dt_value==1)            //在第1层
        {
            dt_s_x=0;              //电梯停下不动了
            xia=1;                //关闭上字
            zhong=1;
            flag_stop=1;
        }
        else if(dt_value==2)        //在第2层
        {
            value=dt_1;
            if(value==0)            //说明上面没有人按下按键
            {
                dt_s_x=0;              //电梯停下不动了
                xia=1;                //关闭上字
                zhong=1;
```

```
        }else
            flag_stop=1;
}
else if(dt_value==3)        //在第 3 层
{
    value=dt_1+dt_2;
    if(value==0)            //说明上面没有人按下按键
    {
        dt_s_x=0;           //电梯停下不动了
        xia=1;              //关闭上字
        zhong=1;
    }else
        flag_stop=1;
}
else if(dt_value==4)        //在第 4 层
{
    value=dt_1+dt_2+dt_3;
    if(value==0)            //说明上面没有人按下按键
    {
        dt_s_x=0;           //电梯停下不动了
        xia=1;              //关闭上字
        zhong=1;
    }else
        flag_stop=1;
}
else if(dt_value==5)        //在第 5 层
{
    value=dt_1+dt_2+dt_3+dt_4;
    if(value==0)            //说明上面没有人按下按键
    {
        dt_s_x=0;           //电梯停下不动了
        xia=1;              //关闭上字
        zhong=1;
    }else
        flag_stop=1;
}
else if(dt_value==6)        //在第 6 层
{
    value=dt_1+dt_2+dt_3+dt_4+dt_5;
    if(value==0)            //说明上面没有人按下按键
    {
        dt_s_x=0;           //电梯停下不动了
        xia=1;              //关闭上字
        zhong=1;
    }else
        flag_stop=1;
}
```

```
            else if(dt_value==7)        //在第7层
            {
                value=dt_1+dt_2+dt_3+dt_4+dt_5+dt_6;
                if(value==0)             //说明上面没有人按下按键
                {
                    dt_s_x=0;            //电梯停下不动了
                    xia=1;               //关闭上字
                    zhong=1;
                }else
                    flag_stop=1;
            }
            else if(dt_value==8)         //在第8层
            {
                value=dt_1+dt_2+dt_3+dt_4+dt_5+dt_6+dt_7;
                if(value==0)             //说明上面没有人按下按键
                {
                    dt_s_x=0;            //电梯停下不动了
                    xia=1;               //关闭上字
                    zhong=1;
                }else
                    flag_stop=1;


            }
        }
}
/*------------电梯处理函数--------------*/
void td_dis()
{
    uchar value,value1;
    value=dt_1+dt_2+dt_3+dt_4+dt_5+dt_6+dt_7+dt_8;
    if(value !=0)
    {                                    //100 ms
        if(flag_stop==1)                 //到相应的楼了,要停下
        {
/*--------------向上走电梯------------------*/
            if(dt_s_x !=0)               //向上走电梯
            {
                value1++;
                if(value1>=10)           //1 s
                {
                    value1=0;
                    if(dt_s_x==1)        //向上走电梯
                    {
                        dt_value++;
                        shang=0;         //显示上字
                        zhong=0;
```

```
    }
    if(dt_s_x==2)                  //向下走电梯
    {
        dt_value--;
        xia=0;                     //显示下字
        zhong=0;
    }
    if(dt_value==1)                //当到了第 1 层的时候
    {
        if(dt_1==1)
        {
            xia  =0;
            zhong=0;
            shang=0;
            P0=0x06;
            P1=0x01;
            dt_1=0;                //清零电机的标志位
            flag_stop=0;           //到停下
            beep=0;                //打开蜂鸣器
            delay_1ms(500);
            beep=1;
            delay_1ms(4500);       //延时 5 s
        }
    }
    else if(dt_value==2)           //当到了第 2 层的时候
    {
        if(dt_2==1)
        {
            xia  =0;
            zhong=0;
            shang=0;
            P0=0x5b;
            P1=0x02;
            dt_2=0;                //清零电机的标志位
            flag_stop=0;           //到停下
            beep=0;                //打开蜂鸣器
            delay_1ms(500);
            beep=1;
            delay_1ms(4500);       //延时 5 s
        }
    }
    else if(dt_value==3)           //当到了第 3 层的时候
    {
        if(dt_3==1)
        {
            xia  =0;
            zhong=0;
```

```
                    shang=0;
                    P0=0x4f;
                    P1=0x04;
                    dt_3=0;                    //清零电机的标志位
                    flag_stop=0;               //到停下
                    beep=0;                    //打开蜂鸣器
                    delay_1ms(500);
                    beep=1;
                    delay_1ms(4500);           //延时 5 s
                }
            }
            else if(dt_value==4)               //当到了第 4 层的时候
            {
                if(dt_4==1)
                {
                    xia  =0;
                    zhong=0;
                    shang=0;
                    P0=0x66;
                    P1=0x08;
                    dt_4=0;                    //清零电机的标志位
                    flag_stop=0;               //到停下
                    beep=0;                    //打开蜂鸣器
                    delay_1ms(500);
                    beep=1;
                    delay_1ms(4500);           //延时 5 s
                }
            }
            else if(dt_value==5)               //当到了第 5 层的时候
            {
                if(dt_5==1)
                {
                    xia=0;
                    zhong=0;
                    shang=0;
                    P0=0x6d;
                    P1=0x10;
                    dt_5=0;                    //清零电机的标志位
                    flag_stop=0;               //到停下
                    beep=0;                    //打开蜂鸣器
                    delay_1ms(500);
                    beep=1;
                    delay_1ms(4500);           //延时 5 s
                }
            }
            else if(dt_value==6)               //当到了第 6 层的时候
            {
```

```
        if(dt_6==1)
        {
            xia=0;
            zhong=0;
            shang=0;
            P0=0x7d;
            P1=0x20;
            dt_6=0;                //清零电机的标志位
            flag_stop=0;           //到停下
            beep=0;                //打开蜂鸣器
            delay_1ms(500);
            beep=1;
            delay_1ms(4500);       //延时 5 s
        }
    }
    else if(dt_value==7)           //当到了第 7 层的时候
    {
        if(dt_7==1)
        {
            xia  =0;
            zhong=0;
            shang=0;
            P0=0x07;
            P1=0x40;
            dt_7=0;                //清零电机的标志位
            flag_stop=0;           //到停下
            beep=0;                //打开蜂鸣器
            delay_1ms(500);
            beep=1;
            delay_1ms(4500);       //延时 5 s
        }
    }
    else if(dt_value==8)           //当到了第 8 层的时候
    {
        if(dt_8==1)
        {
            xia  =0;
            zhong=0;
            shang=0;
            P0=0x7f;
            P1=0x80;
            dt_8=0;                //清零电机的标志位
            flag_stop=0;           //到停下
            beep=0;                //打开蜂鸣器
            delay_1ms(500);
            beep=1;
            delay_1ms(4500);       //延时 5 s
```

```
                    }
                }
            }
        }
    }
    if(flag_stop==0)
    {
        xia=1;
        zhong=1;
        shang=1;
        dt_shang_guan();              //电梯向上,做最后的判断是否还要继续向上
        dt_xia_guan();                //电梯向下,做最后的判断是否还要继续向下
    }
}
/*------------定时器0初始化程序--------------*/
void time_init()
{
    EA=1;                             //开总中断
    TMOD=0X01;                        //定时器0,工作方式1
    ET0=1;                            //开定时器0中断
    TR0=1;                            //允许定时器0定时
}
/*-------------主程序-----------------*/
void main()
{
    uchar i;
    P1=0x00;
    P0=0X00;                          //单片机I/O口初始化
    time_init();                      //定时器初始化
    while(1)
    {
        key();                        //按键程序
        if(key_can<20)
        {
            if(dt_s_x==0)
            {
                value2=0;
                flag_stop=1;
            }
            key_with();
        }
        tiandi_shang_xia();           //当电梯不动时,判断是向上还是向下
        P0=dis_smg[dt_value];
        P1=dis_led[dt_value];         //显示
        if(flag_100ms  ==1)
        {
```

```
            flag_100ms=0;
            td_dis();                  //电梯处理函数
        }
        if(flag_start==1)
        {
            for(i=0;i<4;i++)           //4相
            {
                if(flag_z_f==0)
                {
                    zheng(i);          //电机正转
                }
                else
                {
                    fan(i);            //电机反转
                }
                Delay(650);            //改变这个参数可以调整电机转速 c
            }
        }

    }
}
/*-------------定时器0中断服务程序--------------*/
void time0_int() interrupt 1
{
    static uchar value;
    TH0=0x3c;
    TL0=0xb0;                          //50 ms
    value++;
    if(value%2==0)
    {
        flag_100ms=1 ;
    }
}
```

18.5 系统仿真及调试

系统上电后,进行初始化,数码管显示1,LED指示灯D1点亮。仿真效果如图18-12所示。

按下按键5,电梯上行,数码管从1显示到5停止,D1到D5轮流点亮,LED灯组向上的箭头点亮,表明电梯上行。运行结束,LED灯组的箭头熄灭,蜂鸣器鸣叫,电梯上行仿真效果如图18-13所示。

再次按下按键2,电梯下行,数码管从5显示到2停止,D5到D2轮流点亮,LED灯组向下的箭头点亮,表明电梯下行。运行结束,LED灯组的箭头熄灭,蜂鸣器鸣叫,电梯下行仿真效果如图18-14所示。

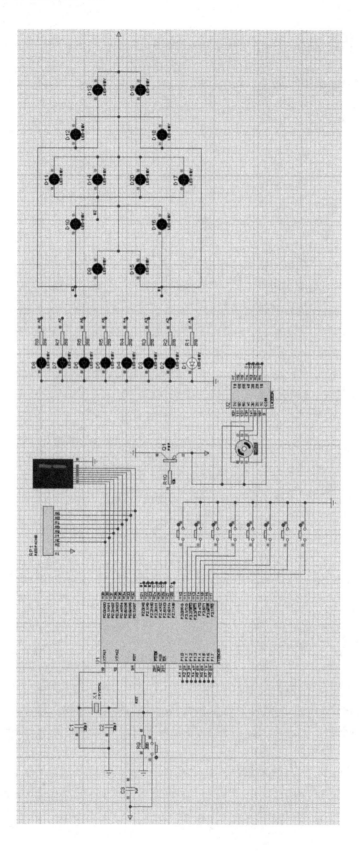

图 18-12　系统初始化仿真效果

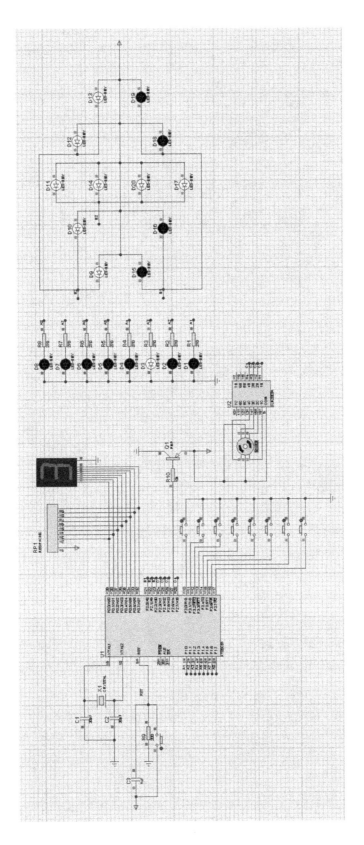

图 18-13 电梯上行仿真效果

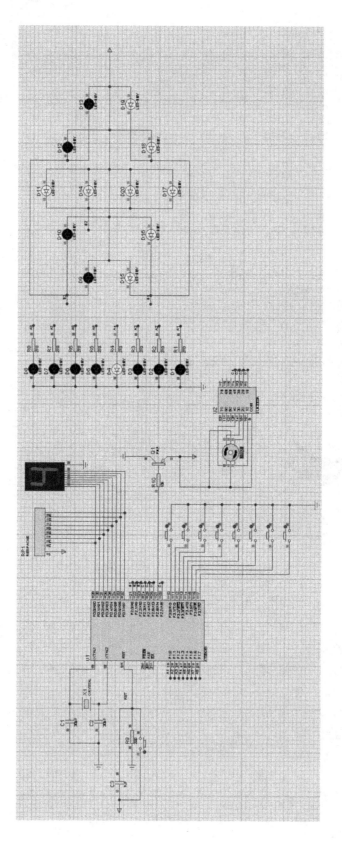

图 18-14　电梯下行仿真效果

小贴示

　　在现代社会和经济活动中,电梯已经成为城市物质文明的一种标志,特别是在高层建筑中,电梯是不可缺少的垂直运输工具。电梯作为垂直运输的升降设备,其特点是在高层建筑物中所占的面积很小,同时通过电气或其他的控制方式可以将乘客或货物安全、合理、有效地送到不同的楼层。基于这些优点,在建筑业特别是高层建筑飞速发展的今天,电梯行业也随之进入了新的发展时期。

　　20 世纪初,美国出现了曳引式电梯,钢丝绳悬挂在曳引轮上,一端与轿厢连接,另一端与对重连接,随曳引轮的转动,靠钢丝绳与曳引轮槽之间的摩擦力,使轿厢与对重作一升一降的相反运动。显然,钢丝绳不用缠绕,因此钢丝绳的长度不受控制,轿厢上升的高度得到提高,从而满足了人们对电梯的使用需求。因此,近一百年来,曳引电梯一直受到重视,并发展至今。

　　科技是第一生产力,科技能够转化成生产力带动经济的发展。作为新时代青年,要时刻对知识保持着高度的渴望,积极进取,用自己的努力开拓一片天地。目前,我国的科学技术在部分领域还是受制于西方,这就需要我们青年勇于开拓创新,为我国科学技术的创新而努力奋斗。

参 考 文 献

[1] 吴险峰.51单片机项目教程(C语言版)[M].北京:人民邮电出版社,2016.

[2] 蔡杏山.51单片机C语言编程从入门到精通[M].北京:化学工业出版社,2020.

[3] 李群芳.单片微型计算机与接口技术[M].北京:电子工业出版社,2005.

[4] 郭学提.51单片机原理及C语言实例详解[M].北京:清华大学出版社,2020.

[5] 王云.51单片机C语言程序设计教程[M].北京:人民邮电出版社,2018.

[6] 杨居义.单片机案例教程[M].北京:清华大学出版社,2015.